莫干山区乡土树种

主　编·白洪青　马丹丹

图书在版编目（CIP）数据

莫干山区乡土树种 / 白洪青，马丹丹主编．—杭州：浙江大学出版社，2018.12
ISBN 978-7-308-18775-6

Ⅰ．①莫… Ⅱ．①白… ②马… Ⅲ．①莫干山－乡土树种－介绍 Ⅳ．①S79

中国版本图书馆 CIP 数据核字（2018）第 284304 号

莫干山区乡土树种
白洪青　马丹丹　主编

责任编辑　季　峥（really @zju.edu.cn）
责任校对　董晓燕
封面设计　黄晓意
出版发行　浙江大学出版社
（杭州市天目山路 148 号　邮政编码 310007）
（网址：http://www.zjupress.com）
排　　版　杭州享尔文化创意有限公司
印　　刷　浙江省邮电印刷股份有限公司
开　　本　710mm × 1000mm　1/16
印　　张　23.25
字　　数　433 千
版 印 次　2018 年 12 月第 1 版　2018 年 12 月第 1 次印刷
书　　号　ISBN 978-7-308-18775-6
定　　价　188.00 元

审图号　浙湖 S（2018）12 号
浙江大学出版社市场运营中心电话（0571）88925591；http://zjdxcbs.tmall.com

《莫干山区乡土树种》编委会

主　　任　林立群

副 主 任　蒋仕云　白洪青

委　　员　费群伟　嵇月红　施　杰　周云娥

顾　　问　李根有

主　　编　白洪青　马丹丹

副 主 编　高百龙　石坚　吴燕芬　刘振勇

编　　委　（按姓氏笔画排序）

丁雯婕　马丹丹　毛美红　石　坚　白洪青

朱　炜　仲建平　刘　军　刘振勇　吴炜杰

吴燕芬　邱国强　沈　泉　沈　颖　陈奕洁

泮洪斌　俞群芬　高百龙　诸炜荣　樊　强

审　　稿　陈征海

摄　　影　马丹丹　陈征海　李根有　谢文远

主编单位　德清县林业局　浙江农林大学暨阳学院

地图绘制　德清县地理信息中心

前　言

莫干山区地处浙西北低山丘陵区与浙北平原区边缘，属于天目山北部余脉，亚热带季风气候区，四季分明，光照充足，雨量充沛。莫干山区的中心为莫干山国家级风景名胜区，莫干山区满山常年翠竹青松，芳草茵茵，绿化覆盖率高达92%，流泉多，储水量大，因此夏季气温较低，七、八两月平均温度仅24.1℃，早晚尤为凉爽，是有名的避暑胜地。

根据全国植被区划，莫干山区属"东部中亚热带常绿阔叶林北部亚地带——浙皖山丘、青冈林、苦槠林、栽培植被区"；根据浙江省植被区划，莫干山区东（平原）、西（山丘）两片分属"钱塘江下游，太湖平原植被片"和"天目山、古田山丘陵山地植被片"。其良好的环境条件孕育了丰富的植物资源，尤其是树木资源非常丰富，种类繁多，植被景观奇特，季相变化显著。本书是在对莫干山区域内乡土树木资源详细调查的基础上编纂而成，作为林业基础工作，极大地满足了建设"森林浙江"的需要。

本书中莫干山区的范围是以莫干山风景区为中心，包括S201省道以北，西苕溪以东、以南，东苕溪以西的山地丘陵地区；行政范围涉及湖州市德清县武康街道、舞阳街道、阜溪街道、下渚湖街道、莫干山镇，安吉县递铺街道、昌硕街道、梅溪镇、溪龙乡，长兴县和平镇，吴兴区埭溪镇、妙西镇、东林镇、道场乡，湖州市经济开发区杨家埠街道、康山街道，以及杭州市余杭区瓶窑镇、黄湖镇、百丈镇的部分地区。

本书中收录的乡土树种是指莫干山区域内土生土长或栽培历史悠久的木本植物，包括本区域内自然分布的野生树种和适合在本区域内生长的久经栽培种类。根据调查，裸子植物按照郑万钧系统（1978）、被子植物按照克朗奎斯特（Cronquist）系统（1982）统计，莫干山区共有乡土树种81科210属501种（含422种8亚种51变种20变型），其中裸子植物6科9属10种（含9种1变种），被子植物75科201属491种（含413种8亚种50变种20变型），均收录在本书中。

本书中，科按照郑万钧系统和克朗奎斯特系统排序，属、种及种下分类等级则按照拉丁名的字母顺序排序。主种介绍包含了主种的中名（包括别名）、拉丁名、形态特征、分布与生境、用途等。

本书中各树种的描述内容如下：

中名：为方便读者应用及避免混乱，书中的中名原则上采用《浙江植物志》中的命名，别名则主要参照常见通用名及 *Flora of China* 所采用的中名。

拉丁名：主要依据 *Flora of China*、《中国植物志》等，同时还参考了一些最新文献进行认真考证，种下等级还包括分类等级的连接术语（如亚种 subsp.、变种 var.、变型 form.）。

形态特征：以营养器官的特征为主，一般按照下列顺序描述：生活型（树干或树皮、小枝、芽）；叶类型（叶片形状、大小、质地、叶先端、叶基、叶脉类型、毛被）、叶柄；花序、花；果序、果；种子；花期、果期。

分布与生境：莫干山区的分布（按照行政范围分，共 5 个地点，德清、安吉、长兴、吴兴、余杭）；生境（生长的环境）。省内分布（一般到市级，分布区域狭窄的树种到县）；国内分布［省级或行政地理区域，省（自治区、直辖市）采用简称］；国外分布。

用途：观赏价值、材用、药用、纤维、油料、芳香、蜜源等。

附注：保护等级采用《国家重点保护野生植物名录（第一批）》中的等级。

同属中的相近种：描述中名（包括别名）、拉丁名、主要形态特征、在莫干山区的分布情况。

本书图文并茂，实用性强，可供农林业、森林公园、旅游部门、园林工作者以及植物爱好者等参考。

本书的出版得到了安吉县林业局、长兴县林业局、湖州市吴兴区农林发展区以及杭州市余杭区林业水利局的大力支持。在竹类资料与图片的收集上，安吉县林业局张培新教授级高工给予了很大的帮助。特此表示衷心感谢！

本书虽经反复修改，但是由于编者水平有限，书中缺点及错误在所难免，敬请读者不吝批评指正。

编 者
2018 年 8 月

目录

裸子植物门 GYMNOSPERMAE

银杏纲 Ginkgopsida

松杉纲 Coniferopsida

被子植物门 ANGIOSPERMAE

木兰纲 Magnoliopsida

裸子植物门

GYMNOSPERMAE

裸子植物发生发展的历史悠久，最初出现在 34500 万 ~ 39500 万年前的古生代泥盆纪。现代的裸子植物中有不少种类是在 250 万 ~ 6500 万年前的新生代第三纪出现的，经过第四纪冰川时期保留下来，繁衍至今。

裸子植物的主要形态特征：乔木，少为灌木或木质藤本；叶多为针形、条形或鳞形；球花单性，雌雄同株或异株；胚珠（大孢子囊）裸生，无心皮包被，整个胚珠就发育成种子。

根据郑万钧系统（1978），裸子植物门分 4 纲 9 目 12 科 71 属近 800 种。我国有 4 纲 8 目 10 科 34 属 185 种 45 变种；浙江有 2 纲 9 科 34 属 56 种 4 变种；莫干山区乡土木本植物有 2 纲 6 科 9 属 9 种 1 变种。

裸子植物部分种类是组成针叶林、针阔混交林的建群种或优势种，是重要的绿化、材用树种，也是药材、纤维、树脂、单宁等原料树种。

001 银杏 白果树 | *Ginkgo biloba* Linn.

形 态 特 征 | 落叶大乔木，高达 40m。树皮灰褐色，深纵裂，粗糙；短枝密被叶痕，黑灰色。叶片淡绿色，螺旋状散生于长枝上，在短枝上 3 ～ 8 枚呈簇生状。雄球花 4 ～ 6 枚，花粉球形；雌球花具长梗，梗端常分 2 叉。种子椭圆形、长倒卵形、卵圆形或近圆球形，外种皮肉质，熟时黄色或橙黄色，外被白粉，有酸臭味。花期 3—4 月，种子 9—10 月成熟。

分布与生境 | 见于全区各地；生于寺庙附近、村宅旁或山坡林中。由于栽培历史悠久，各地常见，真正野生状态的银杏仅分布于临安西天目山及安吉、淳安山地。

用　　途 | 优良干果；树干挺拔，叶形奇特而古雅，是优美的绿化观赏树，亦可制作盆景；叶片提取物是心血管病及老年痴呆症药物的重要原料。

附　　注 | 我国特产，有“活化石”之称，国家 I 级重点保护野生植物。

*银杏纲特点：叶片扇形，具多数叉状叶脉；花粉萌发时产生 2 个有纤毛能游动的精子；雌球花具长梗。

002 马尾松 | *Pinus massoniana* Lamb.

形态特征 | 常绿乔木。树皮呈不规则鳞片状开裂；小枝淡黄褐色；冬芽赤褐色。叶片针形，2 针 1 束，细长而软，长 12~20cm，针叶丛在枝上形似马尾；叶鞘褐色至灰黑色，宿存。球果长卵形，鳞盾扁平或微隆起，鳞脐微凹，无刺。花期 4—5 月，球果翌年 10—11 月成熟。

分布与生境 | 见于区内各山区；生于低山丘陵、河滩地，是区内常绿针叶林、针阔混交林的建群种。产于省内各地；分布于秦岭、淮河以南各地。

用　　途 | 树姿雄伟，树干遒劲，针叶四季苍绿；是重要的材用树种和丘陵山地绿化先锋树种；花粉可制保健品；松脂、松针供化工用。

*松杉纲特点：乔木；叶形多样，针形、鳞形、钻形、条形或刺形；精子无纤毛；孢子叶球常排列成球果状。

黄山松 *P. taiwanensis*，冬芽栗褐色；针叶深绿色，粗硬，长 6~12cm；鳞盾隆起，鳞脐有尖刺；球果近无梗。见于德清；自然分布于海拔 700m 以上山地。

003 金钱松　金松

Pseudolarix amabilis (Nels.) Rehd.

形态特征｜落叶大乔木。树干通直，树皮不规则鳞片状开裂；大枝近轮生，一年生枝淡红褐色；枝有长、短枝之分。叶在长枝上呈螺旋状排列，在短枝上端呈 15 ~ 30 片簇生状，辐射平展，呈圆盘形；叶条形，扁平而柔软，镰状弯曲或直，（2 ~ 5.5cm）×（1.5 ~ 4mm），背面蓝绿色。雄球花穗状簇生在短枝顶端，雌球花单生于短枝顶端，具短梗。球果卵圆形，长 6 ~ 7.5cm，直径 4 ~ 5cm，直立，熟时黄色。花期 4 月，球果 10 月成熟。

分布与生境｜见于德清、安吉、长兴；零星散生于山坡林缘。产于杭州、宁波、绍兴、湖州、衢州、台州等地，其中浙西北的天目山、浙东的四明山地区是我国的两大分布中心；分布于苏、皖、赣、闽、鄂、湘、川、豫等。

用　　途｜树形优美，秋叶金黄，为世界著名的五大庭院观赏树种之一，可供风景区、公园、道路、庭院绿化，也可制作盆景或山地混交造林；材用树种；根皮可入药。

附　　注｜国家Ⅱ级重点保护野生植物。

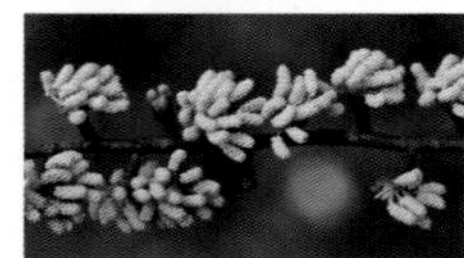

004 柳杉 榅杉

Cryptomeria japonica (Thunb. ex Linn. f.) D. Don var. *sinensis* Sieb. et Zucc.

形态特征｜常绿乔木。树干通直，树皮红棕色，深纵裂或裂成长条片；大枝近轮生，平伸或斜展；小枝细长、下垂。叶钻形，长 1 ～ 1.5cm（幼树及萌芽枝上之叶可长达 2.5cm，果枝上者不足 1cm），先端内曲。球果球形，直径 1.5 ～ 2cm，种鳞约 20 片，苞鳞具尖头；种子褐色，三角状椭圆形，扁平，边缘有窄翅。花期 4 月，球果 10—11 月成熟。

分布与生境｜见于德清、安吉、吴兴；多生于山坡林中。产于全省山区、半山区，常栽培；分布于华东、华中及粤、桂、滇、黔，多栽培。

用　　途｜重要材用树种；树型高大，树干粗壮、通直，气势雄伟，适作山地水土保持林、水源涵养林、风景林造林树种；树皮供药用；枝、叶、木材碎片可提取芳香油。

005 杉木 刺杉

Cunninghamia lanceolata (Lamb.) Hook.

形态特征｜常绿乔木。树干通直，树皮灰褐色，长条状纵裂；大枝平展，小枝近对生或轮生，幼枝绿色。叶片螺旋状排列于枝条上，带状披针形，革质，长 2.5 ～ 6.5cm，上面深绿色，具光泽，背面淡绿色，有 2 条白色气孔带，先端刺状，叶缘有细锯齿。球果卵球形；苞鳞三角状卵形，先端有刺尖头。种子扁平，两侧边缘有窄翅。花期 3—4 月，球果 10 月成熟。

分布与生境｜见于德清、安吉、吴兴、余杭；生于海拔 400m 以下的山坡、山冈林中。产于全省山区、半山区；分布于长江以南及豫等。

用　　途｜树干通直，树冠整齐，四季葱绿，可供风景区、公园、庭院绿化；南方重要的速生材用树种；树皮供化工用。

006 柏木 璎珞柏

Cupressus funebris Endl.

形态特征｜常绿乔木。树皮褐灰色，裂成窄长条片；除萌芽枝有柔软的刺形叶外，全为鳞形叶；小枝扁平，排成一平面，两面同型，绿色，下垂；鳞叶长2mm以内，先端尖。球果球形，种鳞4～8对，盾形，镊合状排列。花期3—4月，球果8月成熟。

分布与生境｜见于安吉、长兴、吴兴，在石灰岩地区尤为常见。产于全省山区、半山区，各地常见栽培；分布于华东、华中、华南、西南及陕、甘等。

用　　途｜树姿优美，枝叶浓密，小枝下垂，多用于公园、寺庙、庭院、墓地、风景区和轻盐碱地绿化；材用树种；枝、叶提取芳香油；根、树干、叶、果实、树脂入药。

007 刺柏 山刺柏 | *Juniperus formosana* Hayata

形 态 特 征｜常绿乔木。树冠窄塔形；小枝柔软下垂，三棱形。叶刺形，3 叶轮生，（1 ~ 2cm）×（1 ~ 2mm），基部有关节，先端锐尖，上面微凹，中脉两侧各有 1 条白色或淡绿色气孔带，在叶先端汇成 1 条。球果近球形，直径 6 ~ 10mm，熟时淡红褐色，间或顶部微张开；种子半月形。花期 4 月，球果第 3 年成熟。

分布与生境｜见于安吉、长兴、吴兴；多生于干燥瘠薄的山冈、山坡疏林中。产于全省山地丘陵；分布于秦岭—淮河以南山区。

用　　途｜小枝下垂，树叶苍翠，为山地造林先锋树种，可供风景区、公园、庭院、厂矿区绿化；材用树种；根、枝、叶入药。

008 三尖杉 | *Cephalotaxus fortunei* Hook. f.

形态特征｜常绿小乔木。树皮红褐色，薄片状纵裂；树冠开展，多分枝，小枝略下垂。叶排成2列，披针状条形，常微弯，（4 ~ 13cm）×（3 ~ 5mm），先端长渐尖，基部楔形，上面深绿色，中脉隆起，背面2条白色气孔带。雌雄异株；雄球花聚生成头状，生于叶腋，花序梗长6 ~ 8mm。种子椭圆状卵形或近球形，长2 ~ 2.5cm，假种皮成熟时紫色或红紫色，顶端有小尖头。花期4—5月，种子翌年8—10月成熟。

分布与生境｜见于德清、安吉、长兴、吴兴；生于山谷、溪边潮湿的阔叶林中、林缘或裸岩旁。产于全省丘陵山区；分布于秦岭以南各地。

用　　途｜树姿清雅，层次感强，可供山地绿化、园林观赏；特殊材用树种；外种皮熟时可鲜食；植株可提取多种植物碱，对治疗白血病、癌症等有效。

009 南方红豆杉 美丽红豆杉 | *Taxus mairei* (Lemee et Lévl.) S. Y. Hu

形态特征｜常绿乔木。树皮赤褐色，浅纵裂；大枝开展，小枝不规则互生，一年生枝绿色或淡黄绿色。叶二列状互生，条形或披针状条形，常呈弯镰状，柔软，中脉在上面隆起，叶背中脉带淡绿色或灰绿色，有 2 条淡黄绿色气孔带。种子倒卵状扁圆形，生于红色肉质杯状的假种皮中。花期 3—4 月，种子 11 月成熟。

分布与生境｜见于德清；散生于丘陵山坡、沟谷阴湿阔叶林中。产于杭州、宁波、温州、绍兴、湖州、金华、衢州、丽水等地；分布于秦岭以南各地，东至台湾，西南至云南。

用　　途｜优良材用树种；树干挺直，入秋后假种皮逐渐变为肉质、鲜红色，格外耀眼，适作园林绿化树种；根皮、树皮、枝、叶可提取抗癌药物紫杉醇；假种皮熟时可鲜食。

附　　注｜国家 I 级重点保护野生植物。

被子植物门

ANGIOSPERMAE

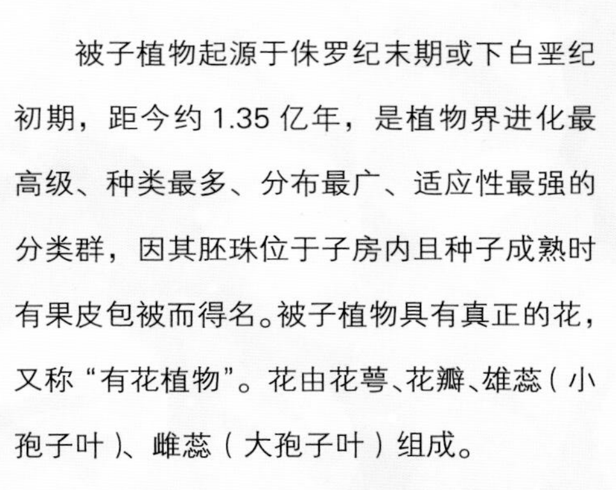

被子植物起源于侏罗纪末期或下白垩纪初期，距今约 1.35 亿年，是植物界进化最高级、种类最多、分布最广、适应性最强的分类群，因其胚珠位于子房内且种子成熟时有果皮包被而得名。被子植物具有真正的花，又称“有花植物”。花由花萼、花瓣、雄蕊（小孢子叶）、雌蕊（大孢子叶）组成。

现知被子植物有 30 万 ~ 40 万种，我国约有 2.5 万种，关于科属归类各家意见不一。本书根据克朗奎斯特（Cronquist）系统（1982）统计，莫干山区乡土木本植物有 2 纲 75 科 201 属 413 种 8 亚种 50 变种 20 变型。

010 玉兰 白玉兰 | *Magnolia denudata* Desr.

形态特征｜落叶乔木。树皮灰白色，光滑；小枝淡灰褐色；冬芽密生灰黄色开展柔毛。单叶互生；叶片倒卵形至倒卵状椭圆形,（8 ~ 18cm）×（6 ~ 10cm），先端宽圆或平截，有短急尖头，全缘，背面被柔毛；叶柄长 1 ~ 2.5cm，被柔毛。花单生于枝顶，早春先叶开放，直径 12 ~ 15cm，花被片 9 枚，白色，背面基部带紫色。聚合果不规则圆柱形。花期3月,果期9—10月。

分布与生境｜见于德清、安吉、吴兴；散生于山坡阔叶林中。产于杭州、宁波、温州、湖州、衢州、台州、丽水等地；分布于皖、赣、湘。

用　　途｜花大而美丽，洁白如玉，早春繁花满树，是著名的观赏花木；可供材用；花被片可食用；种子榨油后供化工用；花蕾可入药。

天目木兰 *M. amoena*，小枝绿色，无毛；顶芽密被平伏白色长绢毛；叶片常倒卵状披针形，先端渐细尖或急尖，呈尾状，基部楔形；花粉红色；聚合果常弯曲。见于德清、安吉、吴兴。

* 木兰纲特点：茎中维管束排成环状，有形成层；叶脉常为网状脉；花基数通常为 4 或 5；子叶通常 2 枚。

011 香樟 樟树

Cinnamomum camphora (Linn.) Presl

形态特征｜常绿乔木。老树皮不规则纵裂；小枝光滑无毛。单叶互生；叶片薄革质，卵形或卵状椭圆形，（6 ~ 12cm）×（2.5 ~ 5.5cm），先端急尖，基部宽楔形或近圆形，叶缘波状起伏，离基 3 出脉，叶背略被白粉，正面脉腋显著隆起，背面具明显腺窝；叶柄长 2~3cm；叶片揉碎具浓烈樟脑香气。花被片 6 枚，淡黄绿色，有清香。浆果状核果近球形，熟时紫黑色，果托倒圆锥形。花期 4—5 月；果期 8—10 月，常可挂至翌年春季。

分布与生境｜见于全区各地；生于山坡、山谷、山冈及平原。产于全省各地，常栽培；分布于长江流域及其以南各地。

用　　途｜冠大荫浓，嫩叶常红色或黄色，叶片凋落前常红色，是常见的行道树、庭荫树；珍贵材用树种；芳香、油料植物；根、茎皮、枝、叶入药。

附　　注｜国家Ⅱ级重点保护野生植物。

012 浙江樟 | *Cinnamomum chekiangense* Nakai

形态特征 | 常绿乔木。大树树皮圆片状剥落，有芳香及辛辣味；小枝绿色，嫩枝被脱落性细短柔毛。叶近对生或互生；叶片革质，长椭圆形、长椭圆状披针形或狭卵形，（6 ~ 14cm）×（1.5 ~ 5cm），先端长渐尖至尾尖，基部楔形，上面深绿色，光亮无毛，下面微被白粉及细短柔毛，离基三出脉，在两面隆起，网脉不明显；叶柄长 0.5~2cm，被细柔毛。圆锥状聚伞花序生于去年生枝叶腋；花小，黄绿色。果实卵形，熟时蓝黑色，微被白粉。花期 4—5 月，果期 10 月。

分布与生境 | 见于安吉、吴兴；生于山坡、沟谷阔叶林中。产于杭州、宁波、温州、衢州、舟山、丽水等地；分布于华东、华中。

用　　途 | 主干通直，枝叶浓密，叶葱郁光亮，适作园林观赏树种；优质材用树种；芳香植物；油料树种；干燥树皮名“香桂皮”；作烹饪佐料；枝皮、树皮供药用。

细叶香桂 *C. subavenium*，小枝、叶片下面被平伏绢状柔毛；叶片上面中脉和侧脉凹陷。见于德清。

013 乌药 | *Lindera aggregata* (Sims) Kosterm.

形态特征 | 常绿灌木。根膨大，呈纺锤形，外皮淡紫红色。小枝绿色，连同叶背、叶柄具脱落性金黄色绢毛。叶片革质，卵形至近圆形，(3 ~ 7cm) × (1.5 ~ 4cm)，先端长渐尖至尾尖，基部圆形至宽楔形，上面亮绿色，下面灰白色，三出脉，上面凹陷；叶柄长 0.5 ~ 1cm。伞形花序生于二年生枝叶腋；花黄色。果卵形至椭圆形，熟时黑色。花期 3—4 月，果期 10—11 月。

分布与生境 | 见于德清、安吉、长兴；生于山坡、沟谷林中、林缘及灌丛中。产于杭州、温州、绍兴、湖州、衢州、丽水等地；分布于华东及粤、桂、鄂、湘、陕、甘。

用　　途 | 枝叶繁茂，叶光亮，适作庭院、公园观赏树种；根含乌药碱、乌药烃等挥发油和生物碱，供药用；芳香植物；油料植物。

014 红果钓樟 红果山胡椒 | *Lindera erythrocarpa* Makino

形态特征｜落叶小乔木。小枝灰白色，皮孔密集而显著隆起。叶片倒披针形至倒卵状披针形，（7 ~ 14cm）×（2 ~ 5cm），先端渐尖，基部狭楔形，显著下延，侧脉 4 ~ 5 对，网脉不明显，叶背被平伏柔毛，脉上尤密；叶柄长 0.5~1cm，常呈暗红色。花黄色。果球形，鲜红色，直径 7 ~ 8mm。花期 4 月，果期 9—10 月。

分布与生境｜见于全区各地；生于山坡、沟谷林缘、疏林中或灌丛中。产于全省山区、半山区；分布于长江流域及其以南各地。

用　　途｜秋色叶树种，果实红艳，适作风景区、庭院、公园观赏树种；材用树种；油料植物。

015 山胡椒 假死柴 | *Lindera glauca* (Sieb. et Zucc.) Bl.

形态特征｜落叶灌木或小乔木。植株具香气。冬芽红色；小枝灰白色，被脱落性柔毛。单叶互生；叶片椭圆形至倒卵形,（4 ~ 9cm）×（2 ~ 4cm）,先端急尖,基部楔形,背面粉绿色,被灰白色柔毛，羽状脉，侧脉 5~6 对；叶柄长 3~6mm；冬季枯叶不脱落。伞形花序腋生于新枝基部，花序梗短或不明显；花黄色。核果球形，紫黑色。花期 3—4 月，果期 7—8 月。

分布与生境｜见于全区各地；生于山坡林下、林缘、疏林和灌丛中。产于全省山区、半山区；分布于长江流域及其以南各地。

用　　途｜叶经冬不落，在林中尤为显眼，供山区生态林混交造林，风景区、庭院、公园绿化观赏；芳香、油料、材用植物；根、树皮、叶、果可入药。

狭叶山胡椒 *L. angustifolia*，冬芽芽鳞具脊；叶片椭圆状披针形至长椭圆形，长逾宽的 3 倍；花序无花序梗，生于二年生枝上。见于德清、安吉、长兴、吴兴。

016 山橿 钓樟

Lindera reflexa Hemsl.

形态特征｜落叶灌木。枝、叶具香气。小枝黄绿色，有黑褐色斑块，平滑，无皮孔，被脱落性绢状短柔毛。单叶互生；叶片卵形、倒卵状椭圆形，（4~15cm）×（4~10cm），先端渐尖，基部宽楔形至圆形，背面灰白色，羽状脉，侧脉 6~8 对；叶柄长 6~15mm。花黄色，花序梗长约 3mm。核果球形，熟时鲜红色。花期 4 月，果期 8 月。

分布与生境｜见于德清、安吉、吴兴；生于山坡、沟谷林下或林缘。产于全省山区、半山区；分布于华东、华中、华南、西南。

用　　途｜果实红艳，秋叶色亦艳，适作园林观赏树种；枝、叶、果供化工用；根、果可入药。

绿叶甘橿 *L. neesiana*，叶片背面灰绿色，三出脉或离基三出脉。见于德清。

017 红脉钓樟 庐山乌药

Lindera rubronervia Gamble

形 态 特 征｜落叶灌木或小乔木。枝、叶具香气。树皮灰黑色；小枝紫褐色至黑褐色，平滑。单叶互生；叶片卵形、卵状椭圆形，(4~8cm) × (2~5cm)，先端渐尖，基部楔形，背面淡绿色，被柔毛，离基三出脉，侧脉 3~4 对，网脉明显，叶脉与叶柄秋后常变红色；叶柄长 0.5~1cm。花黄色，花序梗长约 2mm。核果近球形，熟时紫黑色。花期 3—4 月，果期 8—9 月。

分布与生境｜见于全区各地；生于山坡、沟谷林下及灌丛中。产于全省山区、半山区；分布于华东、华中。

用　　途｜株形紧凑，叶形美观，秋叶亮丽，可供园林观赏；叶、果供化工用。

018 豹皮樟 | *Litsea coreana* var. *sinensis* (Allen) Yang et P. H. Huang

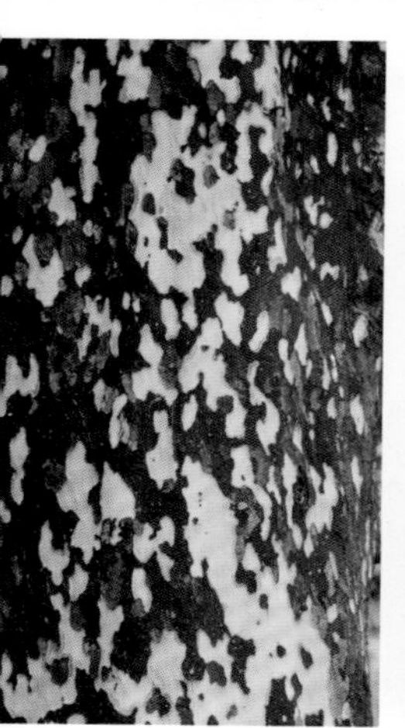

形态特征｜常绿乔木。树皮不规则块片状剥落后露出浅色的内皮；小枝深褐色至带黑色，疏生皮孔，近无毛。单叶互生；叶片革质，长圆形、披针形至倒披针形，（5~10cm）×（1.5~3cm），先端急尖，基部楔形，正面深绿色，具光泽，仅幼时中脉基部有毛，背面带灰白色，侧脉 9~10 对，网脉不明显；叶柄长 0.5~1.5cm，上方被柔毛。伞形花序腋生，花序梗几无；花黄色。核果近球形，直径 6~8mm，熟时由红色转为紫黑色。花期 8—9 月，果期翌年 5 月。

分布与生境｜见于全区各地；生于沟谷林中。产于湖州、杭州、绍兴、宁波、舟山、衢州、台州、金华、丽水、温州等地；分布于华东及鄂、豫。

用　　途｜树形优美，树干斑驳，叶浓绿光亮，果色多样，是很好的观果观干树种，可用于庭院美化；材用树种；根可入药。

019 山鸡椒 山苍子 | *Litsea cubeba* (Lour.) Pers.

形态特征 | 落叶小乔木或灌木。全株具浓郁香气。小枝绿色；枝、叶无毛。单叶互生；叶片薄纸质，披针形或长圆状披针形，（4~11cm）×（1.5~3cm），先端渐尖，基部楔形，背面粉绿色，侧脉 6~10 对；叶柄长 5~15mm，微带红色。花蕾形成于秋季；伞形花序在早春先叶开放。核果近球形，直径 4~6.5mm，熟时紫黑色。花期 2—3 月，果期 9—10 月。

分布与生境 | 见于全区各地；生于向阳山坡、疏林、林缘、灌丛和空旷地。产于全省山区、半山区；分布于长江流域及其以南地区。

用　　途 | 早春花满枝头，秋叶转黄色，既可观赏繁花，也可欣赏秋色，供山区生态绿化、乱石边坡造林、庭院观赏；叶、花、果供化工用；嫩叶可食用，果可供调味用；根、叶、果入药。

020 华东楠 薄叶润楠 大叶楠 | *Machilus leptophylla* Hand.-Mazz.

形 态 特 征 | 常绿乔木。树皮灰褐色，平滑不裂；顶芽宽卵形，绿白色，直径可达 2cm。单叶互生或轮生；叶片坚纸质，倒卵状长圆形，(14~24cm) × (3.5~7cm)，先端短渐尖，基部楔形，正面深绿色，有光泽，背面灰白色，侧脉 14~24 对，略带红色；叶柄长 1~3cm。圆锥花序集生于新枝基部，花芳香。果梗肉质、鲜红色；核果紫黑色。花期 4 月，果期 7 月。

分布与生境 | 见于德清、安吉、吴兴、余杭；生于阴面沟谷或溪边阔叶林中。产于杭州、绍兴、宁波、衢州、金华、台州、丽水、温州等地；分布于华东、华中、西南。

用 途 | 叶浓绿光亮，树姿优美，芽大叶大，果序梗鲜红醒目，观赏期长，适作庭荫树；材用树种；种子供化工用；根入药。

021 红楠 | *Machilus thunbergii* Sieb. et Zucc.

形态特征｜常绿乔木。树皮浅纵裂至不规则鳞片状剥落；冬芽红色，卵形至长卵形。单叶互生，近枝顶集生；叶片革质，倒卵形至倒卵状披针形，(4.5~10cm)×(2~4cm)，先端突钝尖、短尾尖，基部楔形，正面深绿色，有光泽，背面微被白粉，侧脉 7~9 对；叶柄长 1~3cm，连同中脉近基部带红色。聚伞状圆锥花序生于新枝下部叶腋。果梗肉质增粗，鲜红色；核果紫黑色。花期 4 月，果期 6—7 月。

分布与生境｜见于全区各地；生于山坡、山谷阔叶林中，系常绿阔叶林建群种。产于全省丘陵山地；分布于华东及湘、桂。

用　　途｜树姿优美，具层次感，嫩叶常红色，果序梗耀眼鲜红色，适作庭院、公园观赏树种；珍贵材用树种；油料作物；根皮、茎皮可入药。

022 浙江新木姜子

Neolitsea aurata var. *chekiangensis* (Nakai) Yang et P. H. Huang

形态特征｜常绿小乔木。小枝灰绿色，连同叶背有脱落性黄锈色绢状短柔毛。叶近枝顶集生；叶片薄革质，披针形、倒披针形或长圆状倒披针形，（6~13m）×（1~3cm），先端渐尖，基部楔形，上面深绿色，有光泽，下面有白粉，离基三出脉；叶柄长 0.5~1.5cm，通常被黄锈色短柔毛。果熟时紫黑色，有光泽。花期 3—4 月，果期 10—11 月。

分布与生境｜见于德清；生于山坡、沟谷阔叶林中、林缘。产于杭州、宁波、温州、绍兴、湖州、衢州、丽水等地；分布于华东。

用　　途｜枝叶繁茂，叶色光亮，适作下层造林树种或供庭院、公园观赏；材用树种；芳香植物；油料植物。

023 紫楠

Phoebe sheareri (Hemsl.) Gamble

形态特征｜常绿乔木。小枝、叶柄及花序密被黄褐色至灰黑色柔毛或茸毛。单叶互生；叶革质，倒卵形、椭圆状倒卵形或倒卵状披针形，（8~27cm）×（4~9cm），先端突渐尖或突尾状渐尖，背面密被黄褐色长柔毛，网脉显著隆起，侧脉 8~13 对，叶缘不反卷；叶柄长 1~2.5cm。圆锥花序长 7~18cm，花浅黄色。核果卵形，熟时黑色，外面无白粉；宿存花被片松弛地贴于果实基部。花期 4—5 月，果期 9—10 月。

分布与生境｜见于全区各地；生于阴湿沟谷、山坡林中。产于全省山区、半山区；分布于长江流域及其以南各地。

用　　途｜冠形端正，树姿优美，叶大荫浓，可供生物防火林带造林及园林绿化观赏；珍贵材用树种；油料、芳香树种；叶、根可入药。

024 檫木 檫树

Sassafras tsumu (Hemsl.) Hemsl.

形态特征｜落叶乔木。植物体有香气。树皮不规则深纵裂；小枝黄绿色，有光泽。单叶互生，常聚生于枝顶；叶片卵形、卵圆形或倒卵形，（9~20cm）×（6~12cm），全缘或3裂，背面有白粉，离基三出脉；叶柄长2~7cm，常带红色。花黄色，先叶开放。核果近球形，直径约8mm，熟时由红色变为蓝黑色；果梗、果托鲜红色。花期2—3月，果期7—8月。

分布与生境｜见于全区各地；散生于山坡、沟谷混交林中。产于全省山区、半山区；分布于长江流域及其以南各地。

用　　途｜树干挺拔，枝叶婆娑，姿态优雅，叶形美观，早春黄花满枝，晚秋红叶鲜艳，适作园林观赏树种；优质材用树种；根、叶、果供化工用；全株入药。

025 南五味子

Kadsura longipedunculata Finet et Gagnep.

形态特征｜常绿木质藤本。全株无毛；茎褐色或紫褐色，疏生皮孔。单叶互生；叶片革质，椭圆形或椭圆状披针形，（5~13cm）×（2~6cm），先端渐尖，基部楔形，边缘具疏齿，上面深绿色，光亮；叶柄长1~1.5cm。雌雄异株；花单生于叶腋，淡黄色或白色，芳香，花梗细长，长3~15cm。聚合果球形，直径1.5~3.5cm，深红色至暗紫色。花期6—9月，果期9—12月。

分布与生境｜见于德清、安吉、长兴、吴兴；生于山坡、沟谷溪边的阔叶林、林缘或灌丛中。产于全省丘陵山地；分布于长江流域及其以南各地。

用　　途｜叶色终年浓绿，果实下垂而鲜艳，适作庭院、公园垂直绿化树种；纤维植物；果可鲜食；根、茎、叶、果可入药。

026 华中五味子　东亚五味子 | *Schisandra sphenanthera* Rehd. et Wils.

形态特征 | 落叶木质藤本。全体通常无毛；茎红褐色，圆柱形，密生黄色瘤状皮孔。单叶在长枝上互生、短枝上密集；叶片薄纸质，椭圆状卵形、宽卵形或倒卵状长椭圆形，(4~11cm)×(2~7cm)，先端渐尖或短尖，基部楔形至圆形，背面灰绿色，边缘具细齿凸；叶柄常带紫红色，长2~4cm，具极窄的翅。雌雄异株；花黄色或橙黄色。聚合果穗状，红色，果序梗细瘦、下垂。花期4—6月，果期6—10月。

分布与生境 | 见于德清、安吉、长兴；生于山坡、沟谷林缘或灌丛中。产于全省山区、半山区；分布于华东、华中、西南、西北。

用　　途 | 枝叶繁茂，果实鲜艳，适作庭院、公园垂直绿化树种；纤维植物；果可鲜食；全株入药。

027 女萎 钥匙藤 花木通

Clematis apiifolia DC.

形 态 特 征｜落叶木质藤本。茎、小枝、花序梗和花梗密生伏贴短柔毛。三出复叶对生；小叶片卵形至宽卵形，（2.5~8cm）×（1.5~7cm），常有不明显 3 浅裂，边缘具缺刻状粗齿或牙齿，正面疏生贴伏短柔毛或无毛，背面疏生短柔毛或仅沿叶脉较密。圆锥状聚伞花序腋生；萼片花瓣状，4 枚，白色。瘦果具长约 1.5cm 的宿存花柱。花期 7—9 月，果期 9—11 月。

分布与生境｜见于全区各地；生于向阳山坡、沟谷灌丛、林缘。产于全省山区、半山区；分布于苏、皖、赣、闽。

用　　途｜花繁且洁白，适应性极强，可供公园、庭院垂直绿化和石景美化树种；全株入药。

028 山木通 | *Clematis finetiana* Lévl. et Vant.

形态特征 | 半常绿木质藤本。全体无毛。三出复叶，茎下部为单叶；小叶片薄革质，卵状披针形、狭卵形至卵形，［3~9（~16）cm］×［1.5~3.5（~6.5）cm］，先端急尖至渐尖，基部圆形、浅心形，叶脉两面凸起，网脉明显；叶柄长5~6cm。花常单生或成聚伞、总状聚伞花序，腋生或顶生；萼片长1.5~2cm，白色。瘦果镰刀状狭卵形，有柔毛，宿存花柱长1.5~3cm。花期4—6月，果期7—11月。

分布与生境 | 见于德清、安吉、长兴、吴兴；生于向阳山坡、沟谷林缘。产于全省山区、半山区；分布于秦岭以南各地。

用　　途 | 全株供药用。

029 单叶铁线莲　雪里开

| *Clematis henryi* Oliv.

形态特征｜常绿木质藤本。根下部膨大，呈纺锤形，块根直径约 2cm。茎具纵棱，老后皮易剥落。单叶对生，叶片卵状披针形至狭卵形，[7~12（~ 17）cm] × [2~7cm],先端渐尖,基部浅心形,边缘具刺头状浅锯齿，基出脉 3~5 条，网脉明显；叶柄长 2~6cm，常扭曲。聚伞花序腋生，具 1 枚花，萼片 4 枚，白色或淡黄色，卵形。瘦果扁，狭卵形；宿存花柱长 3.5~4.5cm。花期 11 月至翌年 1 月，果期 3—5 月。

分布与生境｜见于德清、安吉；生于山坡林缘、沟谷灌丛或石缝中。产于全省山区、半山区；分布于苏、皖、鄂、湘、粤、桂、川、黔、滇。

用　　途｜叶色浓绿，雪里花开，是很好的垂直绿化材料，供庭院观赏；全株可供药用。

030 圆锥铁线莲 铜威灵 | *Clematis terniflora* DC.

形态特征｜落叶木质藤本。须根浅黄褐色，略带辣味。一回羽状复叶，对生；小叶通常5枚，小叶片狭卵形至宽卵形，（2.5~8cm）×（1~6cm），先端钝或急尖，基部圆形，全缘，两面或沿叶脉疏生短柔毛，基出三脉；小叶柄卷曲。圆锥状聚伞花序腋生或顶生，多花，稍比叶短，下面具有柄的叶状苞片；花径1.5~3cm；萼片4枚，开展，白色。瘦果橙黄色，倒卵形；宿存花柱长达4cm。花期5—6月，果期8—9月。

分布与生境｜见于德清、安吉、长兴；生于山地、丘陵林缘或路边草丛中。产于全省各山区；分布于秦岭以南各地。

用途｜根入药，有毒，并用作土农药。

威灵仙 *C. chinensis*，小叶片卵形、卵状三角形或披针形，网脉不明显，干后变黑色；花径1~2cm。见于德清、安吉、长兴。

031 柱果铁线莲 | *Clematis uncinata* Champ.

形态特征｜常绿木质藤本。除花柱有羽状毛及萼片外面边缘具短毛外，其余光滑无毛。叶对生；一至二回羽状复叶，茎基部为单叶或三出复叶；小叶片薄革质，宽卵形、长圆状卵形至卵状披针形，（3~13cm）×（1.5~7cm），先端急尖至渐尖，基部宽楔形或圆形，稀浅心形，全缘，背面略被白粉；小叶柄中上部具关节。圆锥状聚伞花序常长于叶；花瓣状萼片 4 枚，白色。瘦果具长 1~2cm 的宿存花柱。花期 6—7 月，果期 7—9 月。

分布与生境｜见于全区各地；生于旷野、山坡、山谷、溪边的灌丛或林缘。产于全省山区、半山区；分布于秦岭以南各地。

用　　途｜花繁茂，可供园林观赏；全株入药。

032 南天竹 | *Nandina domestica* Thunb.

形态特征 | 常绿灌木。茎丛生而少分枝，枝、叶无毛；茎皮幼时常呈红色。三回羽状复叶，互生，长 30~50cm，叶轴具关节，幼时具短刺毛；小叶革质，椭圆状披针形，长 2~8cm，先端渐尖，基部楔形，全缘，小叶柄近无，基部膨大；叶柄基部呈鞘状抱茎。圆锥花序长 20cm 以上，花白色。浆果球形，红色至紫红色。花期 6—8 月，果期 8—11 月。

分布与生境 | 见于德清、安吉、长兴、吴兴；生于山坡林缘、路边灌丛，石灰岩山地较多见。产于湖州、杭州、绍兴、宁波、舟山、衢州、金华、台州、丽水、温州等地；分布于苏、皖、赣、鄂、桂、川、陕。

用　　途 | 茎干丛生，枝叶扶疏，叶色浓绿且秋冬变红，红果累累，经冬不凋，是常见的庭院观赏树种；全株入药。

033 大血藤　红藤

Sargentodoxa cuneata (Oliv.) Rehd. et Wils.

形态特征｜落叶木质藤本。全体无毛；茎灰褐色，圆柱形，有条纹，折断有红色汁液流出。三出复叶互生，叶柄长 3~12cm；中央小叶片长圆形或菱状倒卵形，（5~12cm）×（3~7cm），先端钝或急尖，基部楔形，小叶柄长 5~18mm；侧生小叶较大，偏斜卵形，基部两侧不对称，无小叶柄。雌雄异株；总状花序下垂。聚合果球形，小浆果紫黑色或蓝黑色，被白粉；小果柄红色。花期 5 月，果期 9—10 月。

分布与生境｜见于德清、安吉、吴兴、余杭；生于山坡或沟谷疏林中。产于全省山区、半山区；分布于长江流域及其以南各地。

用　　途｜叶形奇特，花香，球形果序多色，可供园林垂直绿化；纤维植物；根、茎入药；全株可作生物农药。

034 木通

Akebia quinata (Houtt.) Decne.

形态特征｜落叶木质藤本。全体无毛；幼枝略带紫色，有圆形皮孔。掌状复叶互生；小叶常 5 枚，倒卵形或椭圆形，（2~6cm）×（1~3.5cm），先端圆钝，微凹，并有小尖头，基部宽楔形或圆形，全缘。总状花序腋生；花暗紫色；雌花大，生于花序下部。肉质蓇葖果浆果状，椭圆形或长圆形，长 6~8cm，成熟时灰黄色。花期 4 月，果期 8 月。

分布与生境｜见于德清、安吉、长兴、吴兴、余杭；生于山坡疏林、灌丛、溪边。产于全省山区、半山区；分布于秦岭以南各地。

用　　途｜新叶嫩绿清秀，花色暗紫高雅，可供公园、庭院垂直绿化或盆景制作；果可生食；果实、茎藤、根入药。

三叶木通 *A. trifoliate* subsp. *australis*，掌状复叶有 3 枚小叶；小叶片卵形至阔卵形，叶缘波状。见于德清、安吉、吴兴。

035 鹰爪枫 | *Holboellia coriacea* Diels

形态特征｜常绿木质藤本。全体无毛。掌状三小叶，叶柄长5~9cm；小叶片革质，椭圆形或卵状椭圆形，（4~13cm）×（2~5cm），先端渐尖，基部圆形或宽楔形，上面深绿色，光亮，下面浅黄绿色；中央小叶叶柄长2~3.5cm，侧生小叶叶柄长约1cm，具关节。伞房状花序花绿白色或紫色。浆果长圆形，熟时紫红色，长4~7cm，直径约2cm，略具刺瘤。花期4月，果期8—9月。

分布与生境｜见于德清、安吉、长兴、吴兴、余杭；生于山坡、沟谷林中、灌丛中或岩石上。产于杭州、金华、衢州、丽水；分布于华东、西南及湘、鄂。

用　　途｜叶浓绿、厚实，适供公园、庭院垂直绿化；根供药用；果可鲜食；纤维植物。

036 短药野木瓜 钝药野木瓜 | *Stauntonia leucantha* Diels ex Y. C. Wu

形态特征 | 常绿木质藤本。全株无毛。掌状复叶；小叶 5~7 枚，革质，长圆状倒卵形或近椭圆形，(5~8.5cm) × (2~3.5cm)，先端尖，基部近圆形或宽楔形，基部三出脉，背面网脉不明显。伞房花序；花单性，雌雄同株异序；花淡绿白色。浆果圆柱形，直径约 2.5cm，熟时黄色。花期 4—5 月，果期 8—10 月。

分布与生境 | 见于德清、安吉、长兴、吴兴；生于山坡疏林中。产于全省山区、半山区；分布于长江流域及其以南各地。

用　　途 | 枝叶密集，花色清新而繁多，适供公园、庭院垂直绿化；果可生食。

尾叶挪藤 *S. obovatifoliola* subsp. *urophylla*，小叶倒卵形或椭圆状倒披针形，先端具长而弯的尾尖；叶背网脉明显。见于德清。

037 木防己 土木香 白木香 | *Cocculus orbiculatus* (Linn.) DC.

形态特征｜落叶木质藤本。枝、叶密生柔毛。单叶互生；叶片宽卵形或卵状椭圆形，（3~14cm）×（2~9cm），先端急尖、圆钝状或微凹，基部微心形或截形，全缘或呈微波状，有时3浅裂，中脉明显，侧脉1~2对；叶柄长1~3cm。聚伞状圆锥花序腋生或顶生。核果近球形，直径6~8mm，熟时蓝黑色，被白粉。花期5—6月，果期7—9月。

分布与生境｜见于全区各地；生于山坡、沟谷、溪边林缘或路旁灌草丛中。产于全省各地；分布于除西北及西藏外的其他地区。

用　　途｜纤维植物；根入药。

038 秤钩枫　青枫藤

Diploclisia affinis (Oliv.) Diels

形态特征｜落叶木质藤本。小枝黄绿色，具细棱纹。单叶互生；叶片菱状宽卵形或三角状宽卵形，无毛，下面灰白色，边缘波状，（4~7cm）×（4~9cm），基出 5 条掌状脉，细脉明显；叶柄长 4~8cm，非盾状着生或多少盾状着生。聚伞花序腋生于着叶的小枝上；花黄绿色。核果，内果皮坚硬，背面有龙骨状凸起，两侧压扁，有平行的小横纹。花期 4—5 月，果期 7—9 月。

分布与生境｜见于德清、长兴、吴兴、余杭；生于山坡林中或溪沟边。产于湖州、衢州、宁波、丽水、温州；分布于长江流域及其以南各地。

用　　途｜枝叶浓密，叶形优美，是公园、庭院垂直绿化的好材料；根、茎、叶入药。

039 防己 汉防己

Sinomenium acutum (Thunb.) Rehd. et Wils.

形态特征｜落叶木质藤本。全体无毛。单叶互生；叶片厚纸质，宽卵形、圆卵形或近圆形，(6~12cm)×(4~10cm)，先端渐尖，基部圆截形或近心形，全缘，基部的叶常5~7浅裂，上部的叶有时3~5浅裂，背面苍白色，基出脉5~7条，叶脉两面凸起；叶柄长6~10cm。圆锥花序腋生。核果近球形，压扁，蓝黑色。花期6—7月，果期8—9月。

分布与生境｜见于德清、安吉、长兴、余杭；生于山坡林缘、溪沟边、灌丛中。产于全省山区、半山区；分布于华东、华中、西南及陕。

用　　途｜叶浓且茂密，可供园林垂直绿化；根、茎入药。

040 蝙蝠葛 | *Menispermum dauricum* Candolle

形态特征 | 常绿木质藤本。根状茎圆柱形，皮棕褐色，常层状脱落；小枝绿色，有细纵棱纹。叶片纸质或近膜质，圆肾形或卵圆形，长 6~12cm，先端尖或钝尖，基部浅心形或近于平截，边缘 3~9 浅裂，很少近全缘，下面苍白色，掌状脉通常 5~7 条；叶柄盾状着生，长 6~12cm。花序圆锥状，腋生，花序梗长 2~6cm；有花数朵至 20 余朵。核果紫黑色，圆肾形。花期 5—7 月，果期 8—10 月。

分布与生境 | 见于长兴、安吉；生于山坡、沟谷旁灌丛中或岩石上。产于全省各地；分布于东北、华北、华东、西北；日本、朝鲜、俄罗斯也有。

用　　途 | 攀援效果好，可用于山石、边坡绿化；根可入药。

041 千金藤 天膏药

Stephania japonica (Thunb.) Miers

形态特征｜常绿木质藤本。全体无毛。块茎粗长。叶片厚纸质，宽卵形或卵形，(4~8cm)×(3~7.5cm)，先端钝，基部圆截形或圆形，全缘，上面深绿色，光亮，下面粉白色，稀沿脉有细毛，掌状脉 7~9 条；叶柄盾状着生，长 5~8cm。伞状或聚伞状花序腋生。果近球形，熟时红色。花期 5—6 月，果期 8—9 月。

分布与生境｜见于安吉、长兴、吴兴；生于山坡、沟谷、溪边林缘、灌草丛中。产于全省山区、半山区，尤以浙南常见；分布于长江流域及其以南各地。

用　　途｜叶浓绿光亮，果色鲜艳，适供公园、庭院垂直绿化；根供药用。

金线吊乌龟

石蟾蜍

金线吊乌龟（金线吊鳖、白首乌）*S. cephalantha*，落叶缠绕藤本；块茎扁圆形；叶片三角状卵圆形，长与宽近相等或长略小于宽；头状聚伞花序，再组成总状花序。见于安吉、长兴。

石蟾蜍 *S. tetrandra*，落叶缠绕藤本；块根长圆柱形；叶片宽三角状卵形，两面均被短柔毛，背面灰白色，掌状脉 5 条。见于安吉、长兴、吴兴。

042 红枝柴 南京泡花树

Meliosma oldhamii Miq.

形态特征｜落叶乔木。树皮浅灰色，略粗糙；小枝粗壮；芽裸露。奇数羽状复叶，常集生于枝顶，长 13~30cm；小叶 3~7 对，对生或近对生；小叶卵形至椭圆状卵形，下部者略小，上部者渐大，先端锐渐尖，基部圆钝或宽楔形，边缘具稀疏锐尖小锯齿，侧脉 7~8 对，下面脉腋有簇毛。圆锥花序顶生或生于枝顶叶腋；花白色，芳香。核果球形。花期 6 月，果期 10 月。

分布与生境｜见于德清、安吉、长兴；生于沟谷阔叶林中。产于全省山区、半山区；分布于华东、华中、西南及粤、陕。

用　　途｜花序大型，白色而芬芳，株形开展，可供庭院绿化观赏；材用树种；根皮入药。

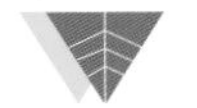

043 细花泡花树 | *Meliosma parviflora* Lecomte

形态特征｜落叶灌木或小乔木。树皮片状剥落。小枝被褐色短柔毛。叶片倒卵形，(6~11cm) × (3~7cm)，先端圆或近平截，具短急尖，中部以下渐狭长而下延，上部边缘有疏离的浅波状小齿，叶面深绿色，叶背被稀疏柔毛，侧脉8~12对，在下面凸起；叶柄长5~15mm。圆锥花序顶生，花白色。核果球形，直径约5mm，熟时红色。花期夏季，果期9—10月。

分布与生境｜见于长兴、吴兴；生于溪边林中或丛林中。产于杭州地区；分布于苏、川、鄂。

用　　途｜山地丘陵水土保持林、水源涵养林、风景林造林树种；叶形奇特，大型花序白色，果实红色且密，适作山地丘陵森林公园、风景区、公园、庭院绿化观赏树种；材用树种。

柔毛泡花树 *M. myriantha* var. *pilosa*，叶片长椭圆形或倒卵状长椭圆形，基部圆或钝圆，下面密被长柔毛，上面也多少被柔毛，叶缘锯齿通常在中部以上，侧脉10~20对。见于德清、吴兴。

044 清风藤

Sabia japonica Maxim.

形态特征｜落叶木质藤本。小枝有细毛。单叶互生；叶片卵状椭圆形、卵形或宽卵形，（3.5~9cm）×（2~4.5cm），先端尖或短钝尖，基部圆钝或宽楔形，全缘，两面近无毛，背面灰绿色；叶柄短，落叶后其基部残留于枝上而成木质化的短尖刺，刺端 2 分叉。花单生于叶腋，先叶开放，黄绿色。核果熟时碧蓝色，果梗长 2~2.5cm。花期 2—3 月，果期 4—7 月。

分布与生境｜见于德清、安吉、长兴、吴兴；生于山坡、沟谷林中或林缘，常攀援于灌丛或岩石上。产于全省山区、半山区；分布于长江以南地区及陕、豫。

用　　途｜春季花漫枝条，夏季叶片浓绿，秋季果实碧蓝，可观赏期长，适作园林绿化树种；茎藤入药。

鄂西清风藤 *S. campanulata* subsp. *ritchieae*，小枝无毛；茎上无叶柄基部残留的短刺；叶片长圆状卵形，先端渐尖，叶柄及叶脉常带红色；花与叶同时开放，深紫色。见于德清、安吉、长兴、余杭。

045 杨梅叶蚊母树 | *Distylium myricoides* Hemsl.

形态特征｜常绿小乔木或灌木。裸芽被鳞垢，幼枝有黄褐色鳞垢；小枝纤细，皮孔显著。叶片长圆形或倒卵状披针形，（5~9cm）×（2~3.5cm），革质，先端锐尖，基部楔形，边缘上半部有数个锯齿，下面灰绿色，两面无毛，中脉、侧脉凹陷，网脉不明显；叶柄长 5~8mm。总状花序腋生；下位花，萼筒极短，花后脱落。蒴果无宿萼包着。花期 4 月，果期 7—8 月。

分布与生境｜见于德清；生于沟谷、山坡林中。产于杭州、宁波、湖州、衢州、丽水；分布于皖、赣、闽、湘、粤、桂、黔、川。

用　　途｜叶色浓绿，耐修剪，适作庭院、公园观赏树种。

046 牛鼻栓 | *Fortunearia sinensis* Rehd. et Wils.

形态特征 | 落叶乔木或灌木。幼枝、芽、叶柄、花梗均被星状毛。单叶互生；叶片宽卵形或倒卵状椭圆形，（7~15cm）×（4~7cm），先端急尖，基部圆形至宽楔形，偏斜，边缘有波状齿，齿端有突尖，背面脉上有星状毛，侧脉 6~8 对，直达齿尖；叶柄长 4~10mm。花两性或单性，先叶开放；两性花为顶生的总状花序；雄花为葇荑状花序。蒴果木质，卵球形，熟时褐色，密布白色皮孔。花期 4 月，果期 7—9 月。

分布与生境 | 见于全区各地；生于山丘沟谷、山坡林中或林缘。分布于杭州、湖州、宁波、台州等地；产于苏、皖、赣、鄂、川、豫、陕。

用　　途 | 树干苍劲，枝叶扶疏，秋叶变色，可供园林绿化观赏；根、枝、叶、果实入药。

047 枫香　枫树　路路通

Liquidambar formosana Hance

形态特征｜落叶大乔木。树皮灰褐色；小枝具柔毛；顶芽发达，卵形，栗褐色，有光泽。单叶互生；叶片宽卵形，掌状3裂，先端尾状渐尖，基部心形或平截，中裂片较长，两侧裂片平展，边缘具腺齿，背面有短柔毛或仅脉腋有毛；叶柄长3~10cm；托叶长1~2cm。雄短穗状花序常多个排成总状；雌头状花序有花24~43朵。果序球形，直径3~4cm；蒴果木质，针形萼齿长4~8mm。花期4—5月，果期7—10月。

分布与生境｜见于全区各地；生于山地林中或村落附近，系亚热带阔叶林代表性建群种之一。产于全省山区、半山区；分布于黄河以南。

用　　途｜树体高大通直，嫩叶带红色，老叶入秋后转红色、橙红色、橙黄色或黄色，灿若披锦，是亚热带地区重要的秋色叶树种；优良材用树种；树脂供化工用；果实、树脂和根入药。

048 檵木 | *Loropetalum chinense* (R. Br.) Oliv.

形态特征 | 常绿灌木，稀为小乔木。小枝、叶背、叶柄被黄褐色星状毛。单叶互生；叶片革质，卵形，(1.5~5cm)×(1~2.5cm)，先端锐尖或钝，基部宽楔形或近圆形，偏斜，全缘，正面粗糙；叶柄长 2~5mm。花 3~8 朵簇生，花瓣 4 枚，白色（有时稍带浅黄色），带状，长 1~2cm。蒴果卵球形，长约 1cm。花期 4—5 月，果期 6—8 月。

分布与生境 | 见于全区各地；生于向阳山坡林中、灌丛中，系次生常绿灌丛的代表性建群种。产于全省山区、半山区；分布于我国中南、西南。

用　　途 | 树干古老苍劲，花形独特，叶细密，是优良的绿篱植物，亦可制作盆景；根、叶、花、果入药；常作红花檵木 *L. chinense* var. *rubrum* 的砧木。

049 糙叶树 糙叶榆

| *Aphananthe aspera* (Thunb.) Planch.

形 态 特 征 | 落叶乔木。树皮黄褐色，条片状剥落。一年生小枝纤细。叶片卵形或椭圆状卵形，（4~13cm）×（2~4cm），先端渐尖或长渐尖，基部近圆形或宽楔形，叶缘自基部以上有细尖单锯齿，两面被平伏硬毛，粗糙，基出三脉，侧脉直伸达齿端；叶柄长 5~17mm。核果近球形，具宿存的花萼及花柱。花期 4—5 月，果期 10 月。

分布与生境 | 见于德清、安吉、长兴、吴兴；生于山坡、溪边阔叶林中或竹林林缘。产于杭州、宁波、舟山、衢州、台州、丽水、温州等地；分布于长江流域及其以南地区。

用　　途 | 树干挺拔，树冠开张，枝叶茂密，秋叶美观，适作湿地绿化观赏树种；材用树种；叶可作生物农药；根皮、树皮入药。

050 朴树　沙朴　| *Celtis sinensis* Pers.

形态特征｜落叶乔木。树皮灰褐色，粗糙而不裂；小枝密被毛。叶片宽卵形、卵状长椭圆形，(3.5~10cm) × (2~5cm)，先端急尖，基部圆形且偏斜，边缘中部以上具疏而浅锯齿，仅背面叶脉及叶腋疏生毛，三出脉，网脉隆起；叶柄长 5~10mm，被柔毛。核果单生或 2~3 个并生于叶腋，近球形，熟时红褐色，果梗与叶柄近等长。花期 4 月，果期 10 月。

分布与生境｜见于全区各地；常生于山坡、灌丛、溪边、平原村落郊野与四旁。产于全省各地；分布于华东、华中、西南及陕。

用　　途｜树干古朴苍劲，冠大荫浓，秋叶美观，是良好的园林观赏树种；桩景材料；材用树种；树皮和叶入药。

紫弹树

黑弹树

紫弹树（黄果朴）*C. biondii*，树皮灰绿色，平滑；叶片基部宽楔形，背面网脉凹陷；核果熟时橙红色，果梗长为叶柄的 2 倍以上。见于全区各地；在土壤瘠薄的陡坡、崖壁等干旱生境

黑弹树 *C. bungeana*，小枝无毛，淡灰色；叶片有时一侧近全缘；核果熟时蓝黑色，常单生于叶腋，果柄细。见于安吉、长兴；常生于石灰岩丘陵山坡林中。

051 刺榆 | *Hemiptelea davidii* (Hance) Planch.

形态特征 | 落叶小乔木，通常呈灌木状，具枝刺。叶互生，排成 2 列，在小枝上呈“V”字形；叶片椭圆形或长圆形，（2~7cm）×（1.5~3cm），先端钝尖，基部宽楔形，具整齐的桃尖形单锯齿，侧脉 8~15 对，正面幼时具毛，后仅留粗糙毛迹，背面仅中脉疏生毛或无毛；叶柄长约 2mm。花杂性同株，与叶同放。坚果扁平，一边具歪斜翅。花期 4—5 月，果期 9—10 月。

分布与生境 | 见于安吉、长兴、吴兴；生于山坡、沟谷或溪边，在石灰岩丘陵较为常见。产于杭州、宁波、台州、丽水等地区；分布于苏、皖、赣、湘、鲁、冀、晋、陕、辽、吉。

用　　途 | 枝刺密，可作刺篱；秋叶黄艳，可供观赏；材用树种；嫩叶、幼果可食用。

052 青檀

Pteroceltis tatarinowii Maxim.

形态特征｜落叶乔木。树皮淡灰色，长块片状开裂。叶片薄纸质，卵形、椭圆状卵形或三角状卵形，（4~13cm）×（3~5cm），先端渐尖或长尖，基部宽楔形或近圆形，稍歪斜，边缘具锐尖单锯齿，近基部全缘，三出脉，侧生的一对近直伸达叶的上部，上面稍粗糙，下面脉腋有簇毛；叶柄长 6~15mm。果核近球形，两侧具翅，近方形或圆形，两端内凹；果梗长 1.5~2cm。花期 4 月，果期 7—8 月。

分布与生境｜见于德清、安吉；多生于山沟乱石堆、岩石缝及山麓林缘。产于临安；分布于华东、华中、华南、西南、华北。

用　　途｜茎皮、树皮纤维是传统的宣纸原料；适作石灰岩山地绿化造林树种。

053 山油麻 | *Trema cannabina* Lour. var. *dielsiana* (Hand.-Mazz.) C. J. Chen

形 态 特 征 | 落叶灌木或小乔木。小枝纤细，黄褐色，连叶柄密被开展的粗毛。叶片薄纸质，卵形、卵状长圆形或卵状披针形，（4~10cm）×（1.5~4cm），先端尾尖，基部圆形或浅心形，边缘具细锯齿，基出三脉，上面多少被毛，背面被较密柔毛，沿脉具较长硬毛；叶柄长5~10mm。聚伞花序腋生，花淡黄色。核果熟时由橙黄色转红色。花期3—6月，果期9—10月。

分布与生境 | 见于安吉、长兴、吴兴、余杭；生于疏林中、林缘、溪边灌丛中。产于杭州、宁波、衢州、台州、丽水、温州等地；分布于华东及粤、桂、鄂、湘、贵、川。

用　　途 | 果小且多，色亮且艳，秋叶可赏，适应性强，可供园林绿化和边坡美化；油料、纤维树种；根、嫩叶可入药。

054 杭州榆

Ulmus changii Cheng

形 态 特 征｜落叶乔木。树皮平滑不裂。冬芽卵圆形或近球形，芽鳞有短毛。单叶互生；叶片近革质，倒卵状长圆形、菱状倒卵形、椭圆状卵形或卵形，（3~11cm）×（2~4cm），先端短尖或长渐尖，基部圆形、微心形或楔形，边缘多为单锯齿，正面有光泽，在主脉凹陷处有毛（萌芽枝之叶正面粗糙），侧脉 12~24 对。花在春季先于叶开放。翅果长圆状倒卵形，两面被短毛。花期 3 月，果期 4 月。

分布与生境｜见于德清、安吉、吴兴、余杭；生于低海拔的山坡、山谷及溪边的阔叶林中。产于杭州、丽水、台州等地；分布于华东及湘、鄂、川。

用　　途｜叶大且亮绿，树形优美，秋叶黄艳，可作秋色叶树种，用于园林绿化；材用树种；嫩叶、幼果可食用；果入药。

红果榆 *U. szechuanica*，叶片倒卵形至长圆状卵形，边缘具重锯齿；翅果近圆形，除先端凹缺处被毛外余无毛。见于安吉、长兴、吴兴。

055 榔榆　小叶榆

| *Ulmus parvifolia* Jacq.

形 态 特 征 | 落叶乔木。树皮不规则鳞片状剥落，内皮红褐色或绿褐色；小枝红褐色，被柔毛。单叶互生；叶片窄椭圆形、卵形或倒卵形，（1.5~5.5cm）×（1~3cm），先端钝尖，基部偏斜，边缘具单锯齿（幼树及萌芽枝之叶有重锯齿），侧脉 10~15 对，正面无毛，有光泽，背面幼时被毛。花秋季开放，簇生于当年生枝的叶腋。翅果椭圆形。花期 9 月，果期 10 月。

分布与生境 | 见于全区各地；生于平原四旁、丘陵山区山坡、沟谷溪边的林中、林缘。产于全省各地；分布于华东、华中、华南、西南、华北。

用　　途 | 树形优美，姿态潇洒，树皮斑驳，枝叶细密，秋叶美观，既能耐水湿也能耐干旱，是优良的园林绿化树种和桩景材料；材用树种；嫩叶、幼果可食用；茎、叶、树皮、根皮可入药。

056 榉树 大叶榉

| *Zelkova schneideriana* Hand.-Mazz.

形 态 特 征 | 落叶乔木。大树树皮薄片状或小块状剥落；一年生枝被灰色柔毛。单叶互生；叶片卵形、卵状椭圆形至卵状披针形，先端渐尖，基部宽楔形或圆形，叶缘具桃尖形单锯齿，正面粗糙，具脱落性硬毛，背面密被淡灰色柔毛，侧脉 8~14 对，直达齿尖；叶柄长 1~4mm。坚果歪斜，直径 2.5~4mm。花期 3—4 月，果期 10—11 月。

分布与生境 | 见于全区各地；生于山坡林中、林缘及溪沟边，也常见栽培。产于全省各地；分布于淮河流域、长江中下游及其以南地区。

用 途 | 树干通直，冠大荫浓，枝叶细密，秋季叶色艳丽，是园林绿化优良树种，亦可制桩景；珍贵材用树种；树皮和叶可入药。

附 注 | 国家Ⅱ级重点保护野生植物。

057 构树 谷浆树 | *Broussonetia papyrifera* (Linn.) L' Her. ex Vent.

形态特征 | 落叶乔木。树皮灰色，平滑；小枝粗壮，密被刚毛，顶芽缺；枝、叶具乳状树液。单叶互生，常在枝端对生；叶片宽卵形，（7~18cm）×（4~10cm），先端尖，基部圆或心形，边缘有粗齿，不裂或 3~5 深裂（幼枝或小树深裂更显著），三出脉；叶背、叶柄密被茸毛；托叶发达而早落。雌雄异株；雄花序为葇荑花序，雌花序头状。聚花果球形，红色，直径 1.5~3cm。花期 5 月，果期 8—9 月。

分布与生境 | 见于全区各地；生于城镇与村庄四旁、山坡林缘。产于全省各地；分布于黄河流域、长江流域、珠江流域。

用　　途 | 速生树种，可供平原四旁、边坡、厂矿区、荒滩、湿地、盐碱地绿化；造纸原料；叶作饲料；根、树皮、树枝、叶、果实以及皮间浆液均可入药。

藤葡蟠

小构树

藤葡蟠（藤构）*B. kaempferi* var. *australis*，落叶藤本，有时灌木状；叶片长卵形或椭圆状卵形，先端长渐尖，基部常不对称，边缘不裂；聚花果直径 0.5~1cm。见于德清、安吉、长兴、吴兴。

小构树 *B. kazinoki*，与构树的区别在于：落叶灌木；叶片卵状椭圆形或卵状披针形；花雌雄同株；聚花果直径 0.5~1cm。见于全区各地。

木兰纲 Magnoliopsida >> 桑科 Moraceae >> 榕属 Ficus

058 薜荔　凉粉果　木莲藤

Ficus pumila Linn.

形态特征 | 常绿木质藤本。枝、叶有白色乳汁。单叶互生；叶二型；营养枝上的叶片小而薄，心状卵形，长约2.5cm或更短；果枝上的叶片较大，厚革质，卵状椭圆形，长4~10cm，先端钝，全缘，基部心形，正面无毛、光亮，背面有短柔毛，网脉蜂窝状显著凸起；叶柄粗短。隐头花序单生于叶腋。隐花果梨形，长约5cm。花期5—6月，果期9—10月。

分布与生境 | 见于全区各地；以不定根攀援于墙壁、树干或溪边岩石上。产于全省各地；分布于秦岭以南各地。

用　　途 | 枝叶繁茂，叶浓绿光亮，果大形美，适作垂直绿化植物；雌性隐花果可作凉粉；根、茎、叶及未成熟的隐花果可入药。

059 珍珠莲 | *Ficus sarmentosa* var. *henryi* (King et Oliv.) Corner

形态特征｜常绿攀援或匍匐状灌木。枝、叶有白色乳汁。单叶互生；叶革质，椭圆形（营养枝之叶卵状椭圆形），(6~12cm)×(2~6cm)，先端渐尖或尾尖，基部圆形或宽楔形，全缘或微波状，背面密被褐色柔毛或长柔毛，网脉隆起，呈蜂窝状；叶柄粗壮，长1~2cm。隐头花序单生或成对腋生，无梗或有短梗。隐花果圆锥形或近球形，长1.5~2cm。花期4—5月，果期8月。

分布与生境｜见于德清、安吉、长兴、吴兴；常攀援于树干、岩石或墙上。产于全省山区和半山区；分布于华东、华南、西南。

用　　途｜枝叶繁茂，叶形可爱，供边坡、裸岩绿化；果可作凉粉；根、藤及花托入药。

爬藤榕

爬藤榕 *F. sarmentosa* var. *impressa*，叶片披针形或椭圆状披针形，(3~9cm)×(1~2cm)，背面灰白色至浅灰褐色；隐花果直径4~10mm。见于德清、安吉、长兴、吴兴。

白背爬藤榕

白背爬藤榕 *F. sarmentosan* var. *nipponica*，叶背面粉绿色，无毛或疏被毛；隐花果球形，顶端不尖。见于德清、安吉。

>>

>>

060 柘 柘树

| *Maclura tricuspidata* (Carr.) Bur. ex Lavall.

形态特征 | 落叶小乔木或灌木状。具乳汁。树皮不规则薄片状剥落；幼枝被脱落性细毛，老枝叶痕常凸起，有枝刺。单叶互生；叶片卵形至倒卵形，(2.5~11cm)×(2~7cm)，先端钝尖，基部圆形或楔形，全缘或三裂（萌芽枝和幼树枝刺明显，叶多分裂）；叶柄长5~20mm。聚花果球形，直径约2.5cm，橘红色或橙黄色。花期6月，果期9—10月。

分布与生境 | 见于全区各地；多生于山脊石缝、山坡林缘灌丛或疏林下、溪沟边。产于全省各地；分布于华东、中南、西南、华南、华北。

用　　途 | 秋叶变色，果在落叶后常挂于枝上，艳丽夺目，枝刺多，可作观赏绿篱；纤维树种；果可食用；叶可饲蚕；根皮可入药。

061 鸡桑 | *Morus australis* Poir

形态特征｜落叶灌木或小乔木。叶片卵圆形，（6~16cm）×（4~13cm），先端急尖或尾尖，基部截形或近心形，边缘有粗锯齿，有时3~5裂，上面有粗糙短毛，下面脉上疏生短柔毛，脉腋无毛；叶柄长1.5~4cm。花单性，雌雄异株；雄花序长1.5~3cm；雌花序长1~1.5cm，雌蕊柱头2裂，花柱宿存。聚花果长1~1.5cm，熟时暗紫色。花期3—4月，果期4—5月。

分布与生境｜见于安吉、吴兴；多生于山坡灌丛中、阔叶疏林中或林缘。产于杭州、宁波、金华、台州、丽水、温州；分布西至西藏，北至辽宁，南至海南。

用　　途｜茎、皮纤维供造纸和制人造棉；果可酿酒。

桑

华桑

桑 *M. alba*，叶片卵形至宽卵形，常不裂，下面脉腋有簇毛；雌蕊无花柱。全区各地有野生，常见栽培。

华桑 *M. cathayana*，小枝、叶柄、叶片下面均有短柔毛，叶柄和嫩枝上尤密；叶片宽卵形或近圆形，下面密生细柔毛。见于德清。

062 海岛苎麻 | *Boehmeria formosana* Hayata

形态特征｜亚灌木，高0.5~2m。茎通常不分枝，近圆柱形。叶对生；叶片长圆状卵形、长圆形或披针形，长8~18cm，先端长渐尖，基部宽楔形或近圆形，边缘具粗锯齿，上面散生短伏毛和密点状钟乳体，基脉三出；叶柄长1~13cm；托叶披针形。雌雄异株或同株；团伞花序排成稀疏的穗状或分枝呈圆锥状。瘦果近球形。花期7—8月，果期8—11月。

分布与生境｜见于德清；生于山坡、路旁及溪边阴湿处。产于杭州、宁波、衢州、丽水、温州；分布于华东、华南及湘、黔。

用　　途｜茎皮纤维坚韧，可供纺织、造纸。

063 大叶苎麻　野线麻

Boehmeria japonica (Linn. f.) Miq.

形态特征｜亚灌木，高 60~150cm。叶对生，叶片宽卵形至卵圆形，长 7~19cm，先端长渐尖或尾尖，基部宽楔形、近圆形或截形，边缘具不整齐的牙齿，上部常有重锯齿，上面粗糙，疏生白色粗伏毛和密生细颗粒状钟乳体，下面被短柔毛；叶柄长 2~8cm；托叶长三角形或三角状披针形。团伞花序集成长穗状。瘦果狭倒卵形。花期 6—9 月，果期 7—11 月。

分布与生境｜见于德清、安吉、吴兴；生于山坡林下、林缘草丛或路旁乱石中。产于杭州、衢州、丽水、温州等地；分布于华东、华中、华南及川、陕；日本也有。

用　　途｜茎皮纤维发达，可代麻；叶供药用，可清热解毒、消肿，治疥疮。

悬铃叶苎麻 *B. tricuspis*，叶片先端明显 3 裂，基部宽楔形或截形。见于德清、安吉、长兴、吴兴。

064 苎麻 | *Boehmeria nivea* (Linn.) Gaud.

形 态 特 征｜亚灌木。具横走的根状茎，小枝、叶柄密被开展的长硬毛和伏贴的短毛。叶片纸质，互生，宽卵形、卵形或近圆形，（5~16cm）×（3.5~13cm），先端渐尖或尾尖，基部宽楔形或截形，边缘有三角状粗锯齿，上面粗糙，散生粗硬毛或无毛，下面密被交织的白色毡毛，基脉三出；叶柄密生开展的白色长硬毛。花单性同株；团伞花序圆锥状，雄花序通常在雌花序之下。花果期 7—10 月。

分布与生境｜见于全区各地；生于山坡林缘、溪边灌草丛、路旁乱石堆中。产于全省各地；分布于我国中部、南部各地。

用　　　途｜重要的纤维植物；根、叶可入药；种子含油脂。

伏毛苎麻 *B. nivea* var. *niponoivea*，茎通常仅被短伏毛；叶片先端骤尖,基部楔形。见于德清、安吉、长兴、吴兴。

青叶苎麻 *B. nivea* var. *tenacissima*，茎上仅被短伏毛；叶片下面绿色，疏被短伏毛，稀有薄层白毡毛。见于德清、安吉、长兴、吴兴。

伏毛苎麻

青叶苎麻

065 紫麻 | *Oreocnide frutescens* (Thunb.) Miq.

形态特征 | 落叶灌木。小枝紫褐色，被脱落性短柔毛。叶常聚生于小枝上部；叶片纸质，卵形或狭卵形，(2.5~11.5cm) × (1~5cm)，先端渐尖或尾尖，基部近圆形或宽楔形，边缘有锯齿，正面粗糙，具点状钟乳体，背面被交织的白色柔毛或短茸毛，基脉三出；叶柄长0.5~7cm，上部的较短。花雌雄异株；花序团伞状。瘦果贴生于宿存的白色肉质花被内。花期4—5月，果期7月。

分布与生境 | 见于德清、安吉、长兴、吴兴、余杭；生于山坡阴湿处或沟旁乱石堆草丛中。产于杭州、台州、宁波、温州、丽水；分布于华东、华中、华南、西南。

用　　途 | 白色肉质花被透亮显眼，密集在枝条上，观赏性极佳，适于点缀石景或作林下地被；纤维植物；叶、果或全株入药。

066 华东野核桃　野核桃

Juglans cathayensis var. *formosana* (Hayata) A. M. Lu et R. H. Chang

形态特征｜落叶乔木。树皮灰褐色浅纵裂；幼枝灰绿色，有腺毛、星状毛及柔毛，髓心具片状分隔。一回羽状复叶长36~50cm；小叶9~17枚，对生或近对生，无柄，小叶片卵形或卵状椭圆形，先端渐尖，基部圆或近心形，歪斜，边缘有细锯齿，上面密被星状毛，下面有短柔毛和星状毛；叶柄及叶轴被黄色短毛。雄葇荑花序；雌花序穗状，柱头紫红色。果实卵状球形或卵形，密被腺毛。花期4—5月，果期10月。

分布与生境｜见于德清；生于沟谷、山坡林中。产于全省中部山区；分布于华东及台、湘、粤、桂。

用　　途｜材用树种；核仁可食用或榨油；树皮、外果皮可制栲胶；内果皮可制活性炭；是胡桃属种质资源，可作胡桃之砧木。

067 化香树 化树蒲

Platycarya strobilacea Sieb. et Zucc.

形态特征｜落叶乔木，常呈灌木状。树皮灰色，浅纵裂；小枝髓心充实，鳞芽。奇数羽状复叶，互生，长12~30cm，叶轴侧扁；小叶5~11对，对生或上部互生，无柄，卵状披针形或椭圆状披针形，先端渐尖，基部近圆形，偏斜，边缘具细锐重锯齿，背面中脉及叶腋有毛。果序球果状，直立，宿存；小坚果两侧有窄翅。花期5—6月，果期10月。

分布与生境｜见于德清、安吉、长兴、吴兴、余杭；生于山坡灌丛中。产于全省山区、半山区；分布于华东、华中、华南、西南及陕西。

用　　途｜叶色春红夏绿，秋季变黄色，果序长期宿存于树枝，是山体绿化先锋树种；根、叶、果入药；可作胡桃、山核桃、美国山核桃的砧木。

068 枫杨　溪沟树　元宝树 | *Pterocarya stenoptera* C. DC.

形态特征｜落叶乔木。小枝髓心具片状分隔；裸芽叠生。常偶数羽状复叶，互生，长20~30cm；小叶8~22枚，长椭圆形或长圆状披针形，先端短尖或钝，基部偏斜，边缘有细锯齿，两面被腺鳞，叶轴两侧具狭翅，下面被毛。雌雄同株；柔荑花序下垂。果序长20~45cm，坚果具2枚斜向上伸展的长翅，成串下垂。花期4月，果期8—9月。

分布与生境｜见于全区各地；生于溪沟边、河滩地。产于全省各地；分布于秦岭以南各地。

用　　途｜树冠宽广，枝叶浓密，果形雅致，是湿地、林荫道绿化的优良树种；材用树种；树皮、枝、叶可制栲胶；树皮、枝、叶可入药；可作胡桃砧木或紫胶虫寄主树。

069 杨梅

Myrica rubra (Lour.) Sieb. et Zucc.

形态特征｜常绿乔木。叶常聚生于枝顶；萌芽枝及幼树上的叶片长椭圆状或楔状披针形，先端渐尖或急尖，中部以上有锯齿；生殖枝上叶片常为倒卵状披针形，(5~14cm)×(1~4cm)，先端圆钝或急尖，全缘，稀中部以上有锯齿，背面被金黄色腺鳞；叶柄长2~10mm。雌雄异株，稀同株；雌花序长5~15mm。核果球形，表面具乳头状凸起，成熟时深红色、紫红色、紫黑色或乳白色。花期3—4月，果期6—7月。

分布与生境｜产于德清、安吉、长兴、吴兴、余杭；生于山坡、沟谷针叶林、阔叶林、针阔混交林中，常成片栽培。产于全省各地山丘；分布于长江以南各地。

用　　途｜著名水果；树冠圆整，枝繁叶茂，果实鲜艳，适作绿化观赏树种；树皮、根皮、叶富含单宁。

070 板栗 | *Castanea mollissima* Bl.

形态特征｜落叶乔木，野生者常灌木状。幼枝被灰褐色茸毛。叶片长椭圆形至长椭圆状披针形，（8~20cm）×（4~7cm），先端短渐尖，基部圆形或宽楔形，侧脉直达齿端，下面被灰白色星状短茸毛；叶柄长1~2cm；托叶宽卵形、卵状披针形。雌花生于雄花序的基部，常3朵集生于一总苞。壳斗球形，密被刺；坚果2~3枚。花期6月，果期9—10月。

分布与生境｜见于全区各地；生于低山丘陵林中、次生灌丛中。产于全省丘陵山区，野生或栽培；广布于辽宁以南各地。

用　　途｜著名干果和木本粮食——板栗的育种材料；材用树种；树皮、壳斗可制栲胶；适作板栗优良品种的砧木。

锥栗

茅栗

锥栗（珍珠栗）*C. henryi*，小枝、叶、叶柄均无毛；托叶线形；叶片披针形或长圆状披针形；坚果单生于壳斗内。见于德清、安吉、长兴、吴兴。

茅栗 *C. seguinii*，小乔木；小枝、叶、叶柄多少被毛；托叶宽大；叶片阔椭圆形或倒卵状长椭圆形，叶柄长6~7mm；叶下面密被黄褐色鳞片状腺点。见于安吉、长兴、吴兴、余杭。

071 米槠 | *Castanopsis carlesii* (Hemsl.) Hayata

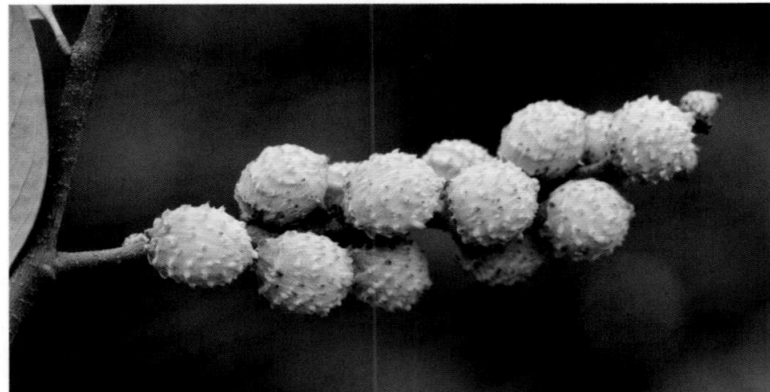

形态特征｜常绿乔木。树皮灰白色，老时浅裂。叶片卵形至卵状披针形，先端尾尖或长渐尖，基部楔形，略偏斜，全缘或先端有 2~3 对锯齿，下面幼时被灰棕色粉状鳞秕，老时苍灰色，侧脉 9~12 对；叶柄长 5~8mm。雄花序单一或有分枝；雌花单生于总苞内。壳斗近球形；坚果近卵球形。花期 3—4 月，果期翌年 10 月。

分布与生境｜产于德清；生于湿润沟谷、山坡林中。产于杭州、宁波、衢州、台州、丽水、温州；分布于东南沿海各地。

用途｜树干通直，叶色亮绿，枝叶茂密，适于庭院、公园栽培供观赏；材用树种；果实可食；是培育食用菌的优良原料。

072 甜槠

Castanopsis eyrei (Champ. ex Benth.) Tutch.

形态特征｜常绿乔木。树皮灰褐色，浅纵裂；全体无毛；枝条散生凸起的皮孔。叶片二列状排列，卵形至卵状披针形，（5~7cm）×（2~4cm），先端尾尖或渐尖，基部宽楔形至圆形，歪斜，全缘或先端具1~3枚疏钝齿，下面淡绿色，侧脉8~10对；叶柄长0.5~1.5cm。雌花单生于总苞内。壳斗卵球形，总苞的苞片针刺形；坚果宽卵形至近球形。花期4—6月，果期翌年9—11月。

分布与生境｜见于德清、安吉；常绿阔叶林、针阔混交林中，系地带性常绿阔叶林的代表性建群种之一。产于杭州、宁波、温州、湖州、衢州、丽水；分布长江流域及其以南各地。

用　　途｜树干通直，冠大荫浓，适于庭院、公园栽培供观赏；优良材用树种；栲胶原料；果实富含淀粉，可食。

073 苦槠 | *Castanopsis sclerophylla* (Lindl.) Schott.

形态特征 | 常绿乔木。树皮浅纵裂；枝、叶无毛；小枝具棱沟。叶片厚革质，长椭圆形至卵状长圆形，（7~14cm）×（2~6cm），先端短尖至狭长渐尖，基部宽楔形，边缘中部以上疏生锐锯齿，叶背面有蜡质层，光亮，侧脉 10~14 对；叶柄长 1.5~2.5cm。葇荑花序直立，雌雄异序。坚果单生于总苞内；壳斗深杯形，外面具瘤点。花期 4—5 月，果期 10—11 月。

分布与生境 | 见于德清、安吉、长兴、吴兴；广泛生于山坡、山冈、山麓、沟谷溪边林中、林缘，系地带性常绿阔叶林的代表性建群种之一。产于全省各地；分布长江流域及其以南地区。

用　　途 | 树冠荫浓，可用于山地生态林营造；材用树种；果实富含淀粉，可炒食、酿酒、制苦槠豆腐；树皮、叶、种仁入药。

074 青冈 青冈栎

Cyclobalanopsis glauca (Thunb.) Oerst.

形态特征｜常绿乔木。树皮灰褐色，不裂；芽圆锥形，有棱脊。叶片倒卵状椭圆形或椭圆形，(6~13cm)×(2~5.5cm)，先端短渐尖，基部近圆形或宽楔形，中部以上有锯齿，背面被灰白色鳞秕（白粉）和平伏柔毛，侧脉 9~12 对；叶柄长 1~2.5cm。雄花序为下垂柔荑花序；雌花序为直立短穗状。壳斗碗状，具 5~8 条同心环；坚果卵形。花期 4—5 月，果期 9—10 月。

分布与生境｜见于德清、安吉、长兴、吴兴、余杭；生于山坡、山脊冈地、沟谷林中。产于全省丘陵山地；分布于长江流域及其以南各地。

用　　途｜枝叶茂密，树姿优美，适于山地生态林营造；材质坚硬；果实富含淀粉；树皮可制栲胶。

小叶青冈

细叶青冈

小叶青冈（岩青冈）*C. gracilis*，叶片卵状披针形或长圆状披针形，宽 3cm 以下，背面被薄而不均匀的白色蜡粉层，有“丁”字形毛，侧脉 8~13 对；叶柄长 1~1.5cm。见于德清、吴兴。

细叶青冈（青栲）*C. myrsinifolia*，叶片长卵形或卵状披针形，先端渐尖至尾尖，边缘 1/3 以上有细小锯齿，侧脉纤细，10~14 对，不明显；叶背微被白粉而呈粉绿色，无毛。见于德清、安吉、吴兴。

075 石栎 柯

Lithocarpus glaber (Thunb.) Nakai

形态特征｜常绿乔木。芽及小枝密被灰黄色细茸毛。叶片椭圆形或长圆状披针形，（7~12cm）×（2.5~4cm），先端渐尖，基部楔形，全缘或近顶端有 1~3 对疏钝齿，背面被灰白色蜡质层，中脉在正面微凸，侧脉 6~8 对；叶柄长 1~1.5cm。葇荑花序直立；雄花序较粗壮；雌花生于雄花序的基部或另成一花序。壳斗浅碗状，包围坚果的基部；坚果卵形或椭圆形，直径 1~1.5cm，有光泽，略被白粉，果脐内陷。花期 9—10 月，果期翌年 9—11 月。

分布与生境｜见于德清、安吉、长兴、吴兴、余杭；生于山沟、山坡林中，系地带性常绿阔叶林的代表性建群种之一。产于全省山区、半山区；分布于华东、华中及粤、桂。

用　　途｜枝叶茂密，冠大荫浓，可作生物防火林带造林树种或庭院观赏树种；材质坚硬；果实可提取淀粉。

短尾石栎（短尾柯）*L. brevicaudatus*，小枝、叶柄无毛；叶长椭圆形至长椭圆状披针形，（11~18cm）×（2.5~4cm），两面同色；叶柄长 1.5~2cm。见于德清、安吉、长兴、吴兴、余杭。

076 麻栎 | *Quercus acutissima* Carr.

形态特征｜落叶乔木。树皮不规则深纵裂。芽卵形；小枝被脱落性黄色茸毛。单叶互生；叶片长椭圆状披针形（萌芽枝上的叶常为鞋底形），(9~16cm）×（2.5~4.5cm），先端渐尖，基部宽楔形或圆形，叶缘具刺芒状锯齿，背面淡绿色，无毛或仅在脉腋有簇毛。雄花序为下垂的葇荑花序；雌花单生或簇生于当年生枝下部叶腋。壳斗碗状，直径2.5~3.5cm；坚果1枚，近球形；苞片钻形，反曲。花期5月，翌年9—10月果熟。

分布与生境｜见于德清、安吉、长兴、吴兴；生于低海拔山坡林中。产于全省丘陵地带；分布于吉林至粤、桂，西至川、滇。

用　　途｜树干通直，浓荫如盖，新叶鲜亮，秋叶醒目，季相变化明显，可供丘陵区混交造林及景观绿化；材用树种；果实（橡子）供食用；叶子可饲养柞蚕；根皮、树皮、壳斗、果实入药。

小叶栎 *Q. chenii*，芽圆锥形；叶片较小，边缘波状起伏；叶柄长1~1.5cm；壳斗杯状，上部小苞片线形反曲；坚果椭圆形。见于德清、安吉、长兴、吴兴。

小叶栎

栓皮栎 *Q. variabilis*，树皮木栓层发达；叶片背面被灰白色星状毛。见于安吉、长兴、吴兴。

栓皮栎

077 白栎 | *Quercus fabri* Hance

形态特征｜落叶乔木，常因樵采呈灌木状。小枝较粗壮，被脱落性褐色毛。单叶互生；叶片倒卵形或倒卵状椭圆形，（6~16cm）×（2.5~8cm），先端钝，基部楔形，边缘具浅波状锯齿，背面被灰黄色星状毛，侧脉8~12对；叶柄短，长3~6mm。雄花序为下垂的葇荑花序；雌花单生、簇生或排成直立穗状。壳斗碗状；坚果长椭圆形，长1.5~2cm。花期5月，果期10月。

分布与生境｜见于德清、安吉、长兴、吴兴；生于山坡林中或次生灌丛中，有时为群落建群种。产于全省丘陵山地；分布于淮河以南。

用　　途｜秋叶橙褐色至红褐色，色彩艳丽，适作为园林中的秋色叶树种供观赏；材用树种；种子可提取淀粉；栲胶原料；壳斗状虫瘿入药。

槲栎 *Q. aliena*，叶片倒卵状椭圆形或倒卵形，边缘疏生波状钝圆锯齿，背面淡黄绿色，被稀疏星状长毛；叶柄长1~3cm。壳斗浅杯状，包围约1/2的坚果；坚果长2~2.5cm。见于安吉、长兴、吴兴。

槲栎

锐齿槲栎 *Q. aliena* var. *acuteserrata*，叶片长椭圆形或长椭圆状卵形，边缘具粗大、尖锐、内弯锯齿，背面密生灰白色星状茸毛。见于德清。

锐齿槲栎

短柄枹 *Q. serrata* var. *brevipetiolata*，小枝纤细，几无毛；叶片长椭圆状倒披针形或椭圆状倒披针形，边缘有粗锯齿，齿端腺体状，内弯；壳斗杯形，包围约1/3的坚果。见于全区各地。

短柄枹

078 雷公鹅耳枥 大穗鹅耳枥 | *Carpinus viminea* Wall.

形态特征｜落叶乔木。树皮灰白色，不裂；1~2 年生小枝密生白色细小皮孔，无毛，具假顶芽。叶片椭圆形、卵状披针形，（6~11cm）×（3~5cm），先端细长渐尖或尾状渐尖，基部微心形或圆形，边缘有成组的重锯齿，侧脉 11~15 对，脉腋有簇毛；叶柄长 1.5~3cm，无毛。果序长 6~13cm，棕褐色，有浅色细小皮孔；果苞叶状，基部两侧或内侧有小裂片。

分布与生境｜见于德清、安吉；生于阔叶林中。产于全省丘陵山区；分布于华东、华南、华中、西南。

用　　途｜新叶嫩绿，秋叶黄艳，树冠宽阔，枝叶扶疏，树干古老苍劲，适作园林观赏树种；材用树种。

079 毛花连蕊茶　连蕊茶　| *Camellia fraterna* Hance

形态特征 | 常绿灌木或小乔木。小枝、顶芽、叶片两面密生柔毛。叶片薄革质，卵状椭圆形或椭圆状披针形，(4~8.5cm)×(1.5~3.5cm)，先端渐尖或尾状渐尖，基部楔形或圆楔形，边缘具锯齿；叶柄长 2~7mm。花 1~2 朵顶生兼腋生，白色或蕾时带红晕，有芳香，直径 3~4cm。蒴果近球形，直径 1~2cm；苞片与萼片均宿存。花期 3 月，果期 10—11 月。

分布与生境 | 见于德清、安吉、长兴、吴兴；生于山坡、沟谷溪边之灌丛中或林中。产于全省山区、半山区；分布于华东各地。

用　　途 | 花繁叶茂，可作庭院观赏树种；油料、蜜源植物；根、叶、花入药。

080 杨桐 红淡比

| *Cleyera japonica* Thunb.

形态特征 | 常绿小乔木，常呈灌木状。枝、叶无毛；小枝绿色，具3条棱或萌芽枝无棱；顶芽发达。叶片革质，椭圆形或倒卵形，（5~11cm）×（2~5cm），常呈二列状，先端急短钝尖至钝渐尖，基部楔形，全缘，正面具光泽，中脉两面隆起；叶柄长5~10mm。花1~3朵腋生，白色。果实球形，熟时黑色，果梗长1~2cm。花期6—7月，果期9—10月。

分布与生境 | 见于德清、安吉、长兴；生于沟谷溪边、山坡阔叶林或针阔混交林中。产于全省山区、半山区；分布于长江以南各地。

用　　途 | 枝叶开展，叶色浓绿，适作庭院观赏树种；材用树种；蜜源植物；花入药；枝、叶加工后销往日本，供祭拜之用。

081 隔药柃　格药柃

Eurya muricata Dunn

形态特征｜常绿灌木。全体无毛；嫩枝圆柱形；顶芽长 0.5~1cm。叶片革质，椭圆形、长圆状椭圆形、倒卵状椭圆形，(5.5~10cm) × (2~4cm)，先端渐尖而具钝头，基部楔形，边缘具浅细锯齿；叶柄长 4~5mm。雌雄异株；花腋生；花药有分隔；花柱长 1.5mm。果实圆球形。花期 10—11 月，果期翌年 5—7 月。

分布与生境｜见于德清、安吉、长兴、吴兴；生于山坡、沟谷林下或路边灌丛中。产于省内西部、南部、东部；分布于华东、华中、华南及贵。

用　　途｜叶浓绿光亮，可供公园、庭院观赏；蜜源植物。

微毛柃 *Eu. hebeclados*，嫩枝被直立微柔毛。见于德清、安吉、长兴、吴兴、余杭。

细齿柃 *Eu. nitida*，叶片薄革质；花柱长 2.5~3mm。见于长兴。

窄基红褐柃 *Eu. rubiginosa* var. *attenuata*，嫩枝粗壮，具强劲 2 条棱；顶芽长达 1~2cm；叶片干后背面红褐色。见于德清、安吉、长兴、吴兴、余杭。

082 木荷

Schima superba Gardn. et Champ.

形态特征｜常绿乔木。树皮纵裂成不规则的长块；小枝暗褐色，皮孔显著；枝、叶无毛。叶片革质，卵状椭圆形至长椭圆形，（8~14cm）×（3~5cm），先端急尖至渐尖，基部楔形或宽楔形，边缘具浅钝锯齿，对光可见微小透亮点；叶柄长 1~2cm。花白色，芳香。蒴果扁球形；种子扁平而有翅。花期 6—7 月，果期翌年 10—11 月。

分布与生境｜见于安吉、长兴、余杭；生于沟谷、山坡林中，系地带性常绿阔叶林最常见的建群种之一。产于全省山区、半山区；分布于华东、中南各地。

用　　途｜树干通直，冠大荫浓，花白而繁，春叶带红色，适用于山区生态林营造；生物防火树种；材用树种；树皮、叶富含单宁；根皮、叶入药；树皮可作生物农药。

083 异色猕猴桃

Actinidia callosa Lindl. var. *discolor* C. F. Liang

形态特征｜落叶木质藤本。小枝无毛，萌芽枝上常有褐色柔毛；髓淡褐色，通常实心。叶片坚纸质，椭圆形、倒卵形，（5~11cm）×（1.5~5cm），先端急尖至长渐尖，基部圆形或宽楔形，边缘有粗钝或波状锯齿。聚伞花序具1~3枚花，花梗纤细；花瓣白色；雄蕊多数，花药黄色。果圆卵形或长圆形，长1.5~2cm，有斑点。花期5月至6月上旬，果期10—11月。

分布与生境｜见于吴兴；生于沟谷落叶林中或林缘。产于全省山区、半山区；分布于华东、华中、华南、西南。

用　　途｜果实可鲜食，是猕猴桃育种的好材料。

对萼猕猴桃 *A. valvata*，髓实心，白色；叶片近膜质，梢部叶常具淡黄白斑，长卵形至椭圆形，基部两侧稍不对称。见于德清、安吉、长兴。

084 中华猕猴桃 藤梨

Actinidia chinensis Planch.

形 态 特 征｜落叶木质藤本。幼枝密被脱落性灰白色短茸毛或锈褐色硬刺毛；老枝皮孔明显，叶痕近圆形，显著隆起；髓心片层状。叶片宽倒卵形至宽卵形，（6~12cm）×（6~13cm），先端突尖、微凹或截平，基部钝圆、截平或浅心形，具刺毛状小齿，背面密生星状茸毛；叶柄长 3~6cm。花白色，后变淡黄色，清香，直径约 2.5cm；萼片通常 5 枚。果圆球形至长圆状球形，长 4~5cm，密被脱落性短茸毛。花期 4—5 月，果期 9—10 月。

分布与生境｜见于德清、安吉、长兴、吴兴、余杭；生于向阳山坡、沟谷溪边之林中或灌丛中。产于全省山区、半山区；分布于长江流域及其以南各地。

用　　途｜枝叶繁茂，叶形奇特，花大而芳香，适作庭院垂直绿化树种；果可鲜食或酿酒；根、藤、叶、果入药；纤维、香料、蜜源植物。

085 小叶猕猴桃 | *Actinidia lanceolata* Dunn

形态特征｜落叶木质藤本。小枝及叶柄密被棕褐色短柔毛，皮孔明显；髓常呈褐色。叶片披针形至卵状披针形，（3~12cm）×（2~4cm），先端短尖至渐尖，基部楔形至圆钝，背面密被极短的星状毛；叶柄长 8~20cm。聚伞花序具 3~7 朵花；花通常淡绿色。果小，卵球形，长 0.5~1cm，熟时褐色，有明显斑点，基部具宿存、反折的萼片。花期 5—6 月，果期 10 月。

分布与生境｜见于德清；生于山坡或沟谷灌丛中。产于全省山区、半山区；分布于皖、赣、闽、湘、粤。

用　　途｜枝叶繁茂，适应性强，新叶常具花色，可作公园、庭院垂直绿化树种；果可鲜食；根、藤、叶、果入药；纤维植物。

086 扁担杆

Grewia biloba G. Don

形态特征｜落叶灌木。小枝密被黄褐色星状毛。单叶互生；叶片椭圆形或长菱状卵形，(2.5~10cm)×(1~5cm)，先端急尖至渐尖，基部楔形至圆形，边缘具不整齐锯齿，背面疏生星状毛或几无毛，基出脉3条；叶柄密被星状毛；托叶线形。聚伞花序与叶对生，具5~8朵花；花黄绿色，直径约1cm；雄蕊多数，黄色。核果橙红色，老时暗红色，顶端2~4裂。花期6—8月，果期8—10月。

分布与生境｜见于全区各地；生于沟谷、溪边林下、林缘或灌丛中。产于全省山区、半山区；分布于长江以南各地。

用　　途｜橘红色果实"两两相并",宿存枝头达数月之久,是很好的观果植物；纤维植物；枝、叶可入药。

小花扁担杆 *G. biloba* var. *parviflora*，叶片狭菱形，下面密被星状毛；花瓣较短小。见于德清、安吉、长兴、吴兴。

087 南京椴 小叶韧皮树 | *Tilia miqueliana* Maxim.

形 态 特 征 | 落叶乔木。小枝密被灰白色至灰褐色星状茸毛。单叶互生；叶片三角状卵形、卵形或卵圆形，（5.5~11cm）×（4~10cm），先端急尖至渐尖，基部偏斜，心形或截形，边缘具短尖锯齿，正面无毛，背面密被交织的灰白色至灰褐色星状毛；叶柄长 2.5~6cm，被星状毛。聚伞花序下垂；苞片线状长椭圆形，长 5.5~12cm，花序梗与苞片近中部结合。核果近球形。花期 6—7 月，果期 8—10 月。

分布与生境 | 见于德清、安吉、长兴；生于山谷坡地林中或林缘。产于杭州、宁波、台州、舟山等地；分布于苏、皖、赣。

用　　途 | 嫩叶猩红色，秋叶黄色，叶形娟秀，苞片奇特，适作山区生态林营造及园林绿化观赏树种；材用树种；蜜源、纤维植物；根皮、树皮、花可入药。

秃糯米椴 *T. henryana* var. *subglabra*，叶片边缘具芒齿，芒长 2~5mm。见于吴兴。

088 梧桐 青桐

| *Firmiana simplex* (L.) W. Wight

形态特征 | 落叶乔木。干形通直；树皮青绿色，平滑。单叶互生；叶片掌状3~5裂，直径15~30cm，基部心形，裂片三角形，先端渐尖，全缘，两面无毛或略被短柔毛，基出脉7条；叶柄长7~30cm。圆锥花序顶生。蓇葖果成熟时开裂成叶状；种子圆球形，褐色。花期6月，果期11月。

分布与生境 | 见于德清、安吉、长兴、吴兴；多生于疏林下或村庄四旁。产于省内各地,常有栽培；分布于黄河流域及其以南各地。

用　　途 | 树干通直，冠如巨伞，叶翠枝青，是很好的园林观赏树种；材用和纤维树种；种子可食；根、叶、花、种子入药。

089 白背黄花稔 | *Sida rhombifolia* Linn.

形 态 特 征｜直立亚灌木，高可达 1m。分枝多，被星状绵毛。叶片菱形或长圆状披针形，（2.5~4.5cm）×（0.5~1.5cm），先端钝圆至急尖，基部宽楔形，边缘具锯齿，上面疏被星状柔毛，下面被灰白色星状柔毛；叶柄长约 5mm，被星状柔毛；托叶刺毛状。花单生于叶腋；花梗长 1~2cm，密被星状柔毛，中部以上有节；花黄色，直径约 1cm，花瓣倒卵形。果半球形，直径约 6mm，分果瓣 8~10 枚，被星状柔毛，顶端具 2 枚短芒。花期 8—9 月，果期 10—11 月。
分布与生境｜见于安吉、吴兴；多生于山坡灌丛中、村旁坡地石缝中或沟谷溪边。产于宁波、温州；分布于华东、华南、西南及鄂。
用　　途｜花色黄艳，群体效果好，可应用于园林花境中；全草可入药。

090 毛叶山桐子

Idesia polycarpa Maxim. var. *vestita* Diels

形态特征｜落叶乔木。树皮灰白色，平滑，褐色皮孔显著；枝开展，树冠呈圆形；冬芽无毛，有多数覆瓦状排列的芽鳞。叶片宽卵形、卵状心形，（8~25cm）×（5~20cm），先端锐尖至短渐尖，基部心形，边缘具圆锯齿，背面密生短柔毛或密毡毛，具掌状 5~7 脉，脉腋密生柔毛；叶柄长 2.5~12cm，连同叶片基部有不规则凸起的腺体。圆锥花序长 10~20cm，下垂；花黄绿色，芳香。果实球形，红色。花期 5 月，果期 9—10 月。

分布与生境｜见于德清；散生于向阳山坡或沟谷疏林中、林缘、岩隙旁。产于临安、仙居、天台、遂昌、文成、泰顺；分布于赣、川、豫。

用　　途｜树干通直，叶、果序宽大，秋果红艳，是优良的观果树种；油料树种。

091 柞木 凿子木

| *Xylosma congesta* (Lour.) Merr.

形态特征｜常绿乔木，常呈灌木状。树皮条片状翘裂；老树干和萌芽枝上具棘刺。单叶互生；叶片卵形、长圆状卵形至菱状披针形，（3.5~9cm）×（1.5~4.5cm），先端渐尖或微钝，基部圆形或楔形，边缘有细锯齿，两面无毛，正面光亮。总状花序腋生；花淡黄色，芳香。浆果球形，熟时黑色。花期 9 月，果期 10—11 月。

分布与生境｜见于全区各地；散生于山坡、沟谷疏林内、山麓路边或村宅旁。产于全省各地；分布于秦岭、长江以南各地。

用　　途｜叶浓绿光亮，株形紧凑，适作刺篱或盆景；材质坚硬，花纹美丽；叶、刺入药。

092 响叶杨

Populus adenopoda Maxim.

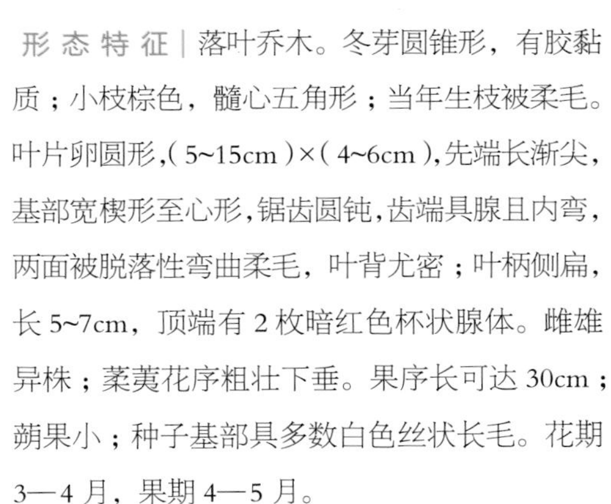

形态特征｜落叶乔木。冬芽圆锥形，有胶黏质；小枝棕色，髓心五角形；当年生枝被柔毛。叶片卵圆形，(5~15cm)×(4~6cm)，先端长渐尖，基部宽楔形至心形，锯齿圆钝，齿端具腺且内弯，两面被脱落性弯曲柔毛，叶背尤密；叶柄侧扁，长5~7cm，顶端有2枚暗红色杯状腺体。雌雄异株；葇荑花序粗壮下垂。果序长可达30cm；蒴果小；种子基部具多数白色丝状长毛。花期3—4月，果期4—5月。

分布与生境｜见于吴兴、长兴；散生于向阳山坡、山麓阔叶林中。产于湖州、杭州、宁波、台州、丽水、温州等地；分布于华东、西南及鄂、湘、桂。

用　　途｜叶形优美，秋叶黄色，适作园林绿化和山地造林树种；材用树种；根、树皮、叶可入药。

093 银叶柳

| *Salix chienii* Cheng

形态特征｜落叶小乔木。树皮褐色，纵裂。叶片长椭圆形、披针形，(2.5~5cm)×(0.5~2cm)，先端渐尖至钝尖，基部宽楔形至圆形，幼叶两面有毛，老叶下面银白色，有伏贴的绢状长柔毛，侧脉 8~14 对，边缘有细浅锯齿；叶柄长 1~2mm，被绢状毛。花叶同放，雌、雄花序基部均有 3~7 枚较小的叶。蒴果长约 3mm。花期 4 月，果期 5 月。

分布与生境｜见于德清；生于山区溪沟边。产于全省各地；分布于华东、华中及粤。

用　　途｜优良护岸固堤树种；枝条可供编织；根可治感冒发热、咽喉肿痛及皮肤瘙痒。

094 旱柳 | *Salix matsudana* Koidz.

形态特征｜落叶乔木。小枝直立或斜展，黄绿色，有毛。单叶互生；叶片披针形至狭披针形，长 5~10cm，长宽比 3 以上，最宽处在近基部，先端长渐尖，正面绿色，背面苍白色，边缘具腺锯齿；叶柄长 5~8mm。花序与叶同时开放；雄花序长达 2.5cm；雌花序长 1~2cm。果序长达 2.5cm；蒴果无毛。花期 3—4 月，果期 4—5 月。

分布与生境｜见于德清、安吉、长兴、吴兴；生于溪沟边。产于杭州；分布于东北、华北、西北以及苏。

用　　途｜新叶嫩绿，秋叶黄色，是平原四旁、湿地、盐碱地绿化的优良树种；材用树种；嫩叶供食用；叶作饲料；花为蜜源；根、枝、叶、花序、果均可入药。

簸箕柳 *S. suchowensis*，灌木；叶片长披针形，长 7~11cm，宽约 1.5cm，先端短渐尖；叶柄长约 5mm；蒴果具柔毛。见于吴兴，也常栽培。

095 南川柳 | *Salix rosthornii* Seem.

形态特征｜落叶乔木。单叶互生；叶片椭圆形、椭圆状披针形或长圆形，长4~8cm，长宽比3以下，叶背面浅绿色或苍绿色，仅幼时脉上有毛，先端渐尖，基部楔形；叶柄长0.5~1.5cm；托叶大，扁卵形或半圆形，有腺齿，萌芽枝上的托叶发达，肾形或扁心形，长可达1.5cm。花与叶同时开放；雄花具雄蕊3~6枚、腺体2枚；雌花具2枚大腺体。花期3—4月，果期5月。

分布与生境｜见于全区各地；生于平原河岸湿地、丘陵沼泽和村宅旁。产于全省各地；分布于华东、华中及川、贵、陕。

用　　途｜嫩叶红色或紫红色，叶大形美，是湿地美化的优良树种；材用树种；嫩叶供食用；蜜源树种。

粤柳 *S. mesnyi*，叶片长7~11cm，先端细长渐尖或细长尾尖，基部多微心形。见于吴兴。

096 毛果南烛　毛果珍珠花

Lyonia ovalifolia var. *hebecarpa* (Franch. ex Forb. et Hemsl.) Chun

形态特征｜落叶灌木或小乔木。树皮细纵条裂；嫩枝略“之”字形曲折，受光面紫红色，无毛或疏被毛。叶片纸质，卵形、卵状椭圆形或倒卵形，(4~12cm)×(2~5.5cm)，先端短渐尖，基部宽楔形、圆形或浅心形，全缘。总状花序腋生，长3~11cm，基部常有数枚小叶；花下垂，花冠壶状，白色。蒴果近球形，密被柔毛。花期6—7月，果期9—10月。

分布与生境｜见于德清、安吉、长兴、吴兴；生于山坡疏林、林缘及灌丛中。产于全省山区、半山区；分布于长江流域及其以南各地。

用　　途｜枝红色，花洁白可爱，可作园林观赏树种；根、叶供药用。

097 满山红

| *Rhododendron mariesii* Hemsl. et Wils.

形态特征 | 落叶灌木，偶小乔木状。小枝轮生，幼时被脱落性绢状柔毛。叶常 3 片集生于枝顶；叶片厚纸质或近革质，卵形、宽卵形或卵状椭圆形，（3.5~7.5cm）×（2.5~5.5cm），先端急尖，基部圆钝至近平截，全缘或上半部有细圆锯齿，两面被脱落性绢状长毛或老时仅下面脉上有毛，中、侧脉在上面下陷；叶柄长 5~10mm。花 1~3 朵簇生于枝顶；花冠淡紫色或玫瑰红色，花冠 5 深裂，上方裂片有紫红色斑点。蒴果卵状长圆形，密被毛。花期 3—4 月，果期 9—10 月。

分布与生境 | 见于全区各地；生于山坡灌丛、疏林或林缘。产于除舟山外的省内各地；分布北达陕，东至台，南达粤，西至滇。

用　　途 | 花色鲜艳，为优良的花灌木；杜鹃花育种种质资源；根、叶、花供药用。

098 羊踯躅　闹羊花

| *Rhododendron molle* (Bl.) G. Don

形态特征｜落叶灌木。幼枝、叶柄有短柔毛和柔毛状刚毛。单叶互生；叶片纸质，长圆形或长圆状倒披针形，（6~12cm）×（2~3.5cm），先端急尖或钝，具短尖头，基部楔形，边缘密被向上微弯的刺毛状睫毛，两面均被短柔毛，背面尤密，叶脉在背面明显隆起；叶柄长 2~6mm。伞形总状花序顶生，有花 5~10 朵，花叶同放；花冠黄色，上侧 1 片较大，内面上方有浅绿色斑点；雄蕊 5 枚。蒴果圆柱状长圆形。花期 4—5 月，果期 8—9 月。

分布与生境｜见于德清、安吉、长兴、吴兴；生于山坡灌丛中或林缘。产于湖州、杭州、绍兴、金华、宁波、台州、丽水等地；分布于华东及粤、桂、鄂、湘、川、云。

用　　途｜花繁色艳，为优良的花灌木；杜鹃花育种种质资源；植株有毒，根、茎、叶可作土农药。

099 马银花 | *Rhododendron ovatum* (Lindl.) Planch.

形态特征｜常绿灌木或小乔木。小枝轮伞状分枝。叶片常聚生于枝顶，革质，卵形、卵圆形或椭圆状卵形，(3~6cm)×(1~2.5cm)，先端急尖或钝，有凹口，中间有短尖头，基部圆形，全缘；叶柄长5~14mm。花单生于枝顶叶腋；花冠淡紫色，上方裂片内有紫色斑点，筒内有短柔毛；雄蕊5枚。蒴果宽卵形，包于宿萼内。花期4—5月，果期8—9月。

分布与生境｜见于全区各地；生于山坡、山谷林中、林缘或灌丛中。产于全省山区、半山区；分布于长江流域及其以南各地。

用　　途｜枝叶稠密，花大美丽，适于庭院观赏；根入药；杜鹃花育种种质资源。

100 映山红　杜鹃

Rhododendron simsii Planch.

形态特征｜半常绿灌木。小枝、叶片、叶柄密被棕褐色扁平糙伏毛。叶常聚生于枝顶；叶二型；春叶纸质，卵状椭圆形至卵状狭椭圆形，(2.5~6cm) × (1~3cm)，先端急尖或短渐尖，基部楔形，全缘；夏叶较小，长 1~1.5cm，倒披针形，冬季通常不凋落；叶柄长 3~5mm。花 2~6 朵簇生于枝顶；花冠鲜红色或深红色，上方 1~3 枚裂片内有紫红色斑点；雄蕊 10 枚，与花冠近等长；花药紫色。蒴果卵圆形，被糙伏毛。花期 4—5 月，果期 9—10 月。

分布与生境｜见于全区各地；生于山顶、山坡灌丛、疏林、林缘，为酸性土指示植物。产于全省山区、半山区；分布于长江流域各地。

用　　途｜花色鲜艳，满山烂漫，是传统的观花树种；花可食用；根、叶、花入药；杜鹃花育种种质资源。

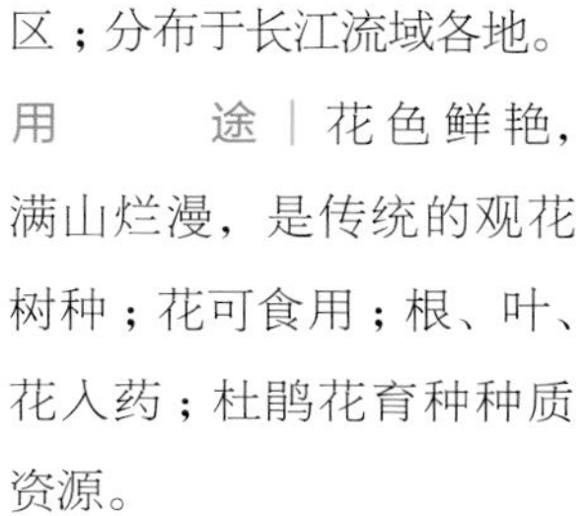

101 乌饭树

Vaccinium bracteatum Thunb.

形态特征｜常绿灌木。小枝被脱落性细柔毛；老枝紫褐色，无毛；芽圆钝，芽鳞先端向内紧贴。叶片革质，椭圆形或卵状椭圆形，(3.5~6cm)×(1.5~3.5cm)，先端急尖，基部宽楔形，边缘具细锯齿，背面中脉上有瘤状刺凸，网脉明显；叶柄长2~4mm。总状花序腋生，具宿存披针形苞片；花白色，壶状。浆果球形，熟时紫黑色。花期6—7月，果期10—11月。

分布与生境｜见于全区各地；生于山坡、沟谷林下、林缘或灌丛中。产于全省山区、半山区；分布于长江以南各地。

用　　途｜嫩叶红色，老叶带紫色或红色，树姿优美，花洁白如串串铃铛，可供庭院观赏；老桩可作盆景；果可生食；叶可作乌米饭。

102 江南越橘　米饭花

Vaccinium mandarinorum Diels

形态特征｜常绿灌木至小乔木。枝、叶几无毛；芽鳞先端尖锐而开张。叶片革质，卵状椭圆形，(4~10cm)×(1.5~3cm)，先端渐尖至长渐尖，基部宽楔形至圆形，边缘有细锯齿，侧脉约10对；叶柄长3~5mm。总状花序，披针形苞片早落；花白色，有时带淡红色，坛形筒状。浆果球形，熟时由红色、深红色变成紫黑色。花期4—6月，果期9—10月。

分布与生境｜见于德清、安吉、长兴、吴兴；生于山坡、沟谷林下、林缘或灌丛中。产于全省山区、半山区；分布于长江以南各地。

用　　途｜树姿扶疏，花美，可供庭院观赏；叶、果可食用，叶、果入药。

刺毛越橘 *V. trichocladum*，小枝、花序轴、花梗、花萼密被腺刚毛；叶缘密生细锯齿，齿尖常呈刺芒状，正面中脉有短柔毛，背面脉上有柔毛或硬毛。见于安吉、吴兴。

103 浙江柿 粉叶柿 | *Diospyros glaucifolia* Metc.

形态特征｜落叶乔木。树皮灰褐色，不规则鳞片状或长方块状纵裂；小枝亮灰褐色，近无毛，灰白色皮孔显著。单叶互生；叶片宽椭圆形、卵形或卵状椭圆形，（6~17cm）×（3~8cm），先端急尖或渐尖，基部截形至浅心形，背面灰白色，两面无毛或下面有毛；叶柄长 1~3.5cm。花冠坛状，基部乳白，裂片顶端带深红色。果球形，直径 1.5~2.5cm，熟时红色，被白霜；果萼 4 浅裂；果梗极短。花期 5—6 月，果期 8—10 月。

分布与生境｜见于德清、吴兴；散生于山谷、溪边或山坡阔叶林下。产于湖州、杭州、衢州、台州、丽水、温州；分布于华东。

用　　途｜花小耐看，秋冬红果满枝头，可作园林树种；可材用；叶、宿萼及果实入药。

野柿 *Diospyros kaki* var. *sylvestris*，小枝及叶柄密生黄褐色短柔毛；叶片两面有柔毛；果实直径 3~5cm。见于全区各地。

104 老鸦柿 | *Diospyros rhombifolia* Hemsl.

形态特征 | 落叶灌木。树皮褐色；枝具刺。单叶互生；叶片卵状菱形或倒卵形，（3~7cm）×（1~4cm），先端急尖或钝，基部楔形，全缘，常皱波状；叶柄长 2~5mm。雌雄异株；花单生于叶腋，白色至绿白色。果近球形至长卵形，直径 2~2.5cm，嫩时黄绿色，后变棕红色，有蜡质光泽；果萼 4 枚，披针形；果梗长 1.5~2cm。花期 4—5 月，果期 8—10 月。

分布与生境 | 见于全区各地；生于山坡沟谷林下、林缘、石缝及灌丛中。产于全省各地；分布于华东。

用　　途 | 株型矮小，枝叶扶疏，秋果挂满枝头，可制作盆景，亦可作园林观赏树种；根、枝可入药。

105 小叶白辛树 | *Pterostyrax corymbosus* Sieb. et Zucc.

形态特征 | 落叶乔木。幼枝被灰色星状毛。叶片宽倒卵形或卵状长圆形、宽卵形，（5~13cm）×（3.5~8cm），先端渐尖，基部宽楔形或近圆钝，边缘具不规则细小齿，下面除脉上密被星状毛外，余被茸毛；叶柄长 1~2cm。伞房状圆锥花序，被星状毛；花白色，芳香。核果具 4 或 5 枚窄翅，顶端长喙状，密被星状短柔毛。花期 5 月，果熟期 8—9 月。

分布与生境 | 见于德清；生于沟谷、山坡林中。产于浙西、浙东、浙南；分布于华东及湘、粤。

用　　途 | 树冠宽阔，花繁茂芬芳，适作园林观花植物；材用树种。

*又称野茉莉科。

106 赛山梅

Styrax confusus Hemsl.

形态特征｜落叶灌木或小乔木。老枝紫褐色，幼枝被脱落性褐色星状毛。叶脉、叶柄、花萼、花瓣、果实均具星状毛。单叶互生；叶片厚纸质，长椭圆形或卵状椭圆形，（5~11cm）×（3~6cm），先端急尖至短尾状渐尖，基部宽楔形，边缘具细小齿凸，网脉明显；叶柄长 3mm。总状花序顶生，具花 5~6 朵；花白色，长 1.5~2.5cm。果实球形，直径 8~13mm，表面有厚茸毛。花期 5—6 月，果期 9—10 月。

分布与生境｜见于德清、安吉、长兴、吴兴；生于山坡、山谷林中或灌丛中。产于全省山区、半山区；分布于华东及粤、桂、湘、川。

用　　途｜枝叶扶疏，白花繁茂，适作庭院观赏及边坡绿化树种；材用树种；种子油供化工用；叶、果实入药。

垂珠花

垂珠花 *S. dasyanthus*，叶片坚纸质，侧脉紫红色；圆锥花序多花，花长 1~2cm；果直径 5~7mm；种子表面具极深的皱纹。见于德清、吴兴、余杭。

白花龙 *S. faberi*，叶片纸质或膜质，上面光亮，主、侧脉略下陷；顶生总状花序具 3~5 朵花，其花序下有单花腋生。见于德清、安吉、长兴、吴兴。

白花龙

107 郁香安息香 芬芳安息香 郁香野茉莉 | *Styrax odoratissimus* Champ.

形态特征｜落叶灌木或小乔木。树皮灰褐色。叶片薄革质，椭圆形或卵状椭圆形，（7~12cm）×（4~8cm），先端急尖或渐尖成尾状，基部宽楔形，全缘，叶背网状脉显著隆起，第3级小脉近平行；叶柄长3~7mm。总状或圆锥状花序具2~6朵花，顶生或腋生；花白色，长约1cm，5深裂。核果近球形，长约1cm，密被灰白色星状茸毛，顶具突尖。花期4—5月，果期7—8月。

分布与生境｜见于德清、吴兴；生于阴湿山谷、山坡疏林中。产于全省山区、半山区；分布于华东及鄂、粤、桂、黔、蜀。

用　　途｜花洁白芳香，可供观赏；种子油供制肥皂及润滑油。

108 山矾

Symplocos caudata Wall. ex G. Don

形态特征｜常绿小乔木，常呈灌木状。幼枝褐色，被脱落性微柔毛；老枝深褐色至黑色。叶片薄革质，干后黄绿色，卵形、卵状披针形或椭圆形，(4~8cm)×(1.5~3.5cm)，先端通常尾状渐尖，基部宽楔形，边缘具疏浅锯齿，中脉在正面2/3以下部分凹陷，两面无毛，网脉清晰；叶柄长4~10mm。总状花序长1.5~3cm，花白色，具香气。核果坛状，黄绿色。花期3—4月，果期6月。

分布与生境｜见于德清、安吉、长兴、吴兴；生于山坡、沟谷林中、林缘及灌丛中。产于全省山区、半山区；分布于长江流域及其以南各地。

用　　途｜花繁叶茂，花期早，是很好的早春观花树种，可供庭院观赏；种子富含油脂；根入药；根烧灰代白矾作媒染剂。

薄叶山矾 *S. anomala*，顶芽、嫩枝被褐色柔毛；叶片全缘或边缘具锐锯齿，中脉在上面隆起；核果褐色，长圆形。见于德清、安吉、长兴。

109 四川山矾

Symplocos setchuensis Brand

形态特征｜常绿乔木。枝、叶无毛；小枝绿色或黄绿色，有明显棱角；顶芽显著，先端尖。叶片厚革质，长椭圆形或倒卵状长椭圆形，（5~15cm）×（2~4cm），先端急尖至尾状渐尖，基部楔形，边缘疏生锯齿，中脉在两面显著凸起；叶柄长 0.5~1cm；叶片干后呈黄色。团伞花序腋生；花冠白色。核果椭圆形，熟时紫黑色。花期 4—5 月，果期 10 月。

分布与生境｜见于全区各地；生于山坡林中或林缘。产于全省山区、半山区；分布于长江流域及其以南各地。

用　　途｜枝繁叶茂，花白色而密集，冬季开花，适作园林观赏树种；种子富含油脂；根、茎、叶入药。

110 老鼠矢

Symplocos stellaris Brand

形态特征｜常绿小乔木。树皮灰黑色；芽、幼枝、叶柄、嫩叶背面、苞片均被红褐色茸毛；小枝粗壮，髓心中空。叶片厚革质，狭长圆状椭圆形或披针状椭圆形，(6~20cm)×(2~4cm)，先端急尖或渐尖，基部宽楔形或稍圆，通常全缘，正面深绿色，背面粉绿色，中脉、侧脉在正面凹陷；叶柄长 1~2.5cm。团伞花序腋生或生于二年生枝的叶痕之上；花白色。核果椭圆形，熟时紫黑色或蓝黑色，似“鼠屎”；具宿存萼片，被白粉。花期 4 月，果期 6 月。

分布与生境｜见于全区各地；生于山坡林中或林缘。产于全省山区、半山区；分布于长江以南各地。

用　　途｜叶色浓绿，常于老枝上开花，花白素雅，可供园林观赏；材用、油料树种；根入药。

111 白檀

Symplocos tanakana Nakai

形态特征｜落叶乔木，常呈灌木状。树皮灰白色，细浅纵裂；嫩枝被脱落性柔毛，老枝灰褐色，皮孔显著。单叶互生；叶片纸质，椭圆形或倒卵状椭圆形，（4~9.5cm）×（2~5.5cm），先端急尖或渐尖，基部宽楔形或楔形，边缘有细锐腺齿，中脉在正面凹下，背面灰白色，网脉清晰；叶柄长 0.5~1cm。圆锥花序生于新枝顶端；花白色，芳香。核果熟时黑色，无毛；宿存萼片内倾靠合，呈短鸟嘴状。花期 5—6 月，果期 9 月。

分布与生境｜见于全区各地；生于山坡林中或灌丛中。产于全省山区、半山区；分布于长江以南各地及台湾、东北、华北。

用　　途｜白花繁多，芬芳，适应性强，适作园林观赏树种；特种工艺材用树种；种子富含油脂；全株可药用；根皮与叶可作生物农药。

华山矾 *S. chinensis*，嫩枝、叶片下面及花序被灰黄色皱曲柔毛；叶片厚纸质，上面皱缩不平，下面灰绿色；圆锥花序狭长，呈柱状；核果蓝色，被紧贴的柔毛。见于安吉、长兴。

朝鲜白檀 *S. coreana*，树皮棕褐色、红褐色，薄片状剥落；大枝表皮开裂，呈纸状剥落；叶缘腺齿较粗锐，齿端通常向前直伸或外展；果熟时蓝色，稀白色，形似皇冠。见于德清。

琉璃白檀 *S. sawafutagi*，树皮灰褐色、褐色，细浅纵裂；大枝表皮不开裂；叶片下面苍白色或微被白粉，叶缘腺齿齿端内曲；果熟时蓝色，稀白色，形似皇冠。见于德清。

112 朱砂根 珍珠伞 黄金万两 | *Ardisia crenata* Sims

形态特征｜常绿小灌木。全体无毛。根肥壮，肉质，外皮微红色。叶常聚生于枝顶；叶片椭圆形、椭圆状披针形至倒披针形，（6~14cm）×（1.5~4cm），先端渐尖或急尖，基部楔形，边缘皱波状，具圆齿，齿缝间有黑色油腺点，两面具点状凸起的腺体，侧脉12~18对，连成不规则的边脉；叶柄长约1cm。伞形花序或聚伞花序，生于侧枝；花白色，略带淡红色。果球形，鲜红色。花期6—7月，果期10—11月。

分布与生境｜见于德清、安吉、长兴、吴兴；生于阴湿阔叶林下、林缘或灌丛中。产于全省山区、半山区；分布于皖、赣、闽、湘、粤、桂。

用　　途｜枝叶常青，果实红艳，经冬不凋，是优良盆栽观果树种；根、叶入药；果可供榨油或制肥皂。

113 紫金牛 老勿大

Ardisia japonica (Thunb.) Bl.

形态特征｜常绿矮小灌木。具长而横走的匍匐茎；地上茎高10~40cm。单叶对生或轮生，常3~4枚叶聚生于茎梢；叶片狭椭圆形至宽椭圆形，(4~7cm)×(1.5~4.5cm)，先端急尖，基部狭楔形至楔形，边缘具细锯齿，散生腺点，仅背面中脉被细柔毛；叶柄长6~10mm。花序近伞形，腋生；花冠白色或带粉红色。果球形，鲜红色，有黑色腺点。花期5—6月，果期9—11月。

分布与生境｜见于德清、安吉、长兴、吴兴；常呈小片状生于山坡、沟谷阴湿阔叶林、毛竹林下、林缘及灌丛中。产于全省山区、半山区；分布于长江流域及其以南各地、陕。

用　　途｜株型矮小，枝叶常青，果实鲜艳，经冬不凋，是优良的地被植物；全株入药。

114 杜茎山 水光钟 | *Maesa japonica* (Thunb.) Moritzi et Zoll.

形态特征｜常绿灌木，有时攀援状。全株无毛。小枝绿色，具灰白色纵条纹。叶片坚纸质或革质，椭圆形、椭圆状披针形或倒卵状长圆形，（5~14cm）×（2~5.5cm），上面亮绿色，先端渐尖、急尖或钝，基部楔形至近圆形，中部以上有稀疏粗锯齿或全缘，侧脉 5~8 对，直达齿端；叶柄长 5~13mm。总状花序单生或 2~3 聚生于叶腋，长 1~4cm；花淡黄色。果球形，肉质，白色，有腺状条纹。花期 3—4 月，果期 10 月。

分布与生境｜见于德清；生于山坡林下阴湿处、沟谷灌丛及乱石堆中，常呈小片状生长。产于全省山区、半山区；分布于华东、华中、华南及川、滇。

用　　途｜枝叶常青，灌丛整齐，适作林下地被；全株供药用。

115 崖花海桐 海金子

Pittosporum illicioides Makino

形态特征｜常绿灌木。嫩枝无毛。叶常聚生于枝顶而呈假轮生状；叶片倒卵状披针形或倒披针形，（5~10cm）×（2.5~4.5cm），先端渐尖，基部狭楔形，常下延，边缘平展或微波状；叶柄长 5~10mm。伞形花序顶生；花瓣淡黄色。蒴果近球形，果瓣薄革质；种子红色。花期 4—5 月，果期 6—11 月。

分布与生境｜见于德清、安吉、长兴、吴兴；生于山沟溪边、林下岩石旁及山坡阔叶林中。产于全省山区、半山区；分布于华东、华中及西南。

用　　途｜叶色亮绿，果实开裂后露出红艳种子，可供庭院观赏；茎皮纤维可制纸；种子含油脂；根、叶、种子入药。

116 宁波溲疏

Deutzia ningpoensis Rehd.

形态特征｜落叶灌木。树皮片状剥落；小枝中空，红褐色，疏被星状毛。单叶对生；叶片狭卵形、卵状披针形或披针形，（2.5~12cm）×（1~3cm），先端渐尖，边缘疏生不明显细锯齿，上面疏被星状毛，背面密被灰白色星状毡毛；叶柄长1~2mm。圆锥花序长5~14cm；花白色，密集。蒴果近球形。花期5--7月，果期6—9月。

分布与生境｜见于德清；生于丘陵山坡、沟谷溪边、林缘灌丛中。产于全省山区、半山区；分布于华东及陕、鄂。

用　　途｜花序洁白、大而美丽，株丛紧凑，可作庭院观赏树种；根、叶入药。

117 中国绣球 土常山

Hydrangea chinensis Maxim.

形态特征｜落叶灌木。小枝红紫色，初时被短柔毛。叶片长圆形或狭椭圆形，(4.5~12cm)×(2~4cm)，先端渐尖至尾尖，基部楔形，边缘自基部有锯齿，背面粉绿色，脉腋常有白色簇毛；叶柄长1~2cm，被短柔毛。伞状或伞房状聚伞花序，第一级辐射枝通常五出；不育花萼片3~4枚；花白色。蒴果卵球形。花期5—7月，果期8—10月。

分布与生境｜见于德清、安吉、长兴；生于山谷溪边疏林、密林或灌丛中。产于全省山区、半山区；分布于华东、华中、华南、西南。

用　　途｜花序大而美丽，是优良的花灌木；药用植物。

江西绣球 *H. jiangxiensis*，叶片上面常皱褶，下面浅绿色，脉腋无簇毛，边缘自中部以上有锯齿；叶柄长3~6mm；花序第一级辐射枝通常三出；放射花萼片果期色彩较多。见于德清、安吉、余杭。

118 浙皖绣球 | *Hydrangea zhewanensis* Hsu et X. P. Zhang

形态特征｜落叶灌木。小枝密被短柔毛。叶片椭圆形至长圆状倒卵形，(6~19cm)×(3~8cm)，先端渐尖，基部楔形，边缘具不规则三角形粗锯齿，脉上被短柔毛；叶柄长 1~4cm，被短柔毛。伞房状聚伞花序顶生，具花序梗；不育花萼片 3~4 枚，宽卵形，绿白色或淡蓝色；孕性花蓝紫色。蒴果卵球形。花期 6—7 月，果期 8—9 月。

分布与生境｜见于德清；生于山谷溪边、林下或林缘。产于杭州、宁波、台州、丽水；分布于桂。

用　　途｜花序大，花期长，是优良的观赏花灌木。

119 浙江山梅花

Philadelphus zhejiangensis S. M. Hwang

形态特征｜落叶丛生灌木。小枝红褐色，无毛。叶片卵形或卵状椭圆形，(4~10cm)×(2~6cm)，先端渐尖，基部宽楔形至近圆形，边缘有细锯齿，下面沿脉被粗伏毛，基出或离基三出脉；叶柄长3~6mm。总状花序疏散，具花5~9朵；花萼外面无毛；花白色，直径2~3cm，芬芳。蒴果椭圆形。花期5—6月，果期7—11月。

分布与生境｜见于德清；生于沟谷溪边林缘或灌丛中。产于杭州、宁波、温州、湖州、金华、衢州、台州、丽水；分布于华东。

用　　途｜花洁白芬芳，是优良的园林观花树种。

120 冠盖藤 | *Pileostegia viburnoides* Hook. f. et Thoms.

形态特征｜常绿木质藤本。茎具气生根；小枝灰褐色，无毛。叶片椭圆状长圆形或长圆状倒卵形，(10~21cm)×(2.5~7cm)，先端急尖或钝尖，基部楔形，中部以上有波状疏齿或全缘，两面无毛或下面散生极稀疏毛，细脉明显；叶柄长 1~3cm。圆锥花序顶生；花白色。蒴果陀螺状半球形。花期 7—8 月，果期 9—11 月。

分布与生境｜见于德清；生于沟谷、山坡林下、灌丛中，常攀援于树干、崖壁、岩石上。产于全省山区、半山区；分布于长江流域及其以南各地。

用　　途｜叶色浓绿，攀援性强，适作公园、庭院垂直绿化观赏植物或美化石景；根、老茎、花、叶供药用。

121 簇花茶藨子

Ribes fasciculatum Sieb. et Zucc.

形态特征｜落叶灌木。小枝灰褐色。叶片近圆形，(2~4cm)×(2.5~5cm)，两面无毛，裂片宽卵圆形，中裂片与侧裂片近等长或稍长，具粗锯齿；叶柄长1~3cm，被疏柔毛。雄花序具花2~9朵，组成几无花序梗的伞形花序；雌花2~4（~6）朵簇生，稀单生；花梗长（3~）5~9mm，具关节，无毛；花萼黄绿色，有香味；花瓣近圆形或扇形；雄蕊长于花瓣，花丝极短。果实近球形，直径7~10mm，红褐色，无毛。花期4—5月，果期6—9月。

分布与生境｜见于安吉、长兴、吴兴；生于低海拔地区的山坡杂木林下、竹林内或路边。产于杭州等地；分布于苏、皖。

用　　途｜果实富含维生素，可作果酱、饮料等。

122 桃

| *Amygdalus persica* Linn.

形态特征 | 落叶小乔木。冬芽2~3个簇生，中间为叶芽，两侧为花芽。单叶互生；叶片长圆状披针形、椭圆状披针形或倒卵状披针形，（7~15cm）×（2~3.5cm），先端渐尖，基部宽楔形，叶缘具锯齿；叶柄长1~2cm，常具1至数枚腺体。花先叶开放，单生，花瓣粉红色，稀白色。核果常在向阳面带红晕，腹缝线明显。花期3—4月，果期5—10月。

分布与生境 | 见于德清、安吉、长兴、吴兴、余杭；散生于山坡或溪边灌丛中，石灰岩丘陵地区尤为常见。产于全省山区、半山区。

用途 | 早春观花树种；可作为果桃、花桃嫁接之砧木；果、树胶可食用；花、枝、叶、根、树胶、幼果、桃仁入药；果核可作雕刻之材料。

123 梅 | *Armeniana mume* Sieb.

形 态 特 征 | 落叶小乔木。一年生枝绿色。单叶互生；叶片卵形或椭圆形，（4~8cm）×（2.5~5cm），先端尾尖，基部宽楔形至圆形，边缘常具细锐锯齿，灰绿色，两面被脱落性短柔毛，或仅背面脉腋间具短柔毛；叶柄长 1~2cm，常有腺体。花单生，有时 2 朵同生于一芽内，有浓香，先叶开放，花瓣白色至粉红色。核果近球形，被柔毛，味酸。花期 2—3 月，果期 5—6 月。

分布与生境 | 见于德清、安吉、长兴、吴兴；生于丘陵山坡灌丛、溪边林缘。产于全省山区、半山区，多栽培；全国各地普遍栽培。

用　　途 | 树姿苍劲，花形端雅，傲立霜雪，是我国传统“十大名花”之一，栽培历史悠久；果供食用；根、叶、花蕾、果实、种仁入药。

124 钟花樱 福建山樱花 绯樱

Cerasus campanulata (Maxim.) A. N. Vassiljeva

形 态 特 征 | 落叶乔木或灌木，高 3~8m。树皮具大型横生皮孔。小枝、芽、叶柄均无毛。叶片卵形、卵状椭圆形或倒卵状椭圆形，（4~8cm）×（2~4cm），先端渐尖，基部圆形或宽楔形，边缘有细尖单锯齿或重锯齿，两面无毛或下面脉腋有簇毛，侧脉 8~12 对；叶柄长 8~13mm，顶端常具 2 枚腺体；托叶早落。花先叶开放；伞形花序有花 2~4 朵；花托钟状，基部略膨大；花瓣粉红色，先端颜色较深，顶端凹陷。核果红色，卵球形。花期 2—3 月，果期 4—5 月。

分布与生境 | 见于吴兴；生于山谷、山坡林中或林缘。产于杭州、金华、丽水等地；分布于福建、台湾、广东、广西。

用　　途 | 早春开花，花色艳丽，是观赏性极佳的一种野生樱花。

125 迎春樱

Cerasus discoidea Yu et Li

形态特征｜落叶小乔木。树皮具环状横向裂纹。叶片倒卵状长圆形或长椭圆形，先端骤尖或尾尖，基部楔形，两面有疏柔毛，叶缘具缺刻状锐尖锯齿，齿端具小盘状腺体，侧脉 8~10 对；叶柄长 5~7mm，顶端具 1~3 枚腺体；托叶狭线形，边缘有盘状腺体。花先叶开放，伞形花序常有花 2 朵，花瓣淡粉红色，长椭圆形，先端 2 裂；苞片近圆形，边缘有小盘状腺体。核果红色，直径约 1cm。花期 3—4 月，果期 5 月。

分布与生境｜见于德清、安吉、吴兴；生于山坡、沟谷疏林中、林缘、路边灌丛中。产于全省各地；分布于皖、赣。

用　　途｜丘陵山地风景林混交树种；早春花繁色美，适作园林观赏树种；果可食；可作樱桃之砧木。

白花迎春樱

山樱花

毛叶山樱花

大叶早樱

白花迎春樱 *C. discoidea* form. *albiflora*，萼筒绿色，花白色。见于德清。

山樱花 *C. serrulata*，花叶同放；叶片边缘具芒状尖锐重锯齿，齿端有小腺体，侧脉 6~8 对；花通常白色。见于德清。

毛叶山樱花 *C. serrulata* var. *pubescens*，叶片下面、叶柄被短柔毛而区别于山樱花。见于吴兴。

大叶早樱 *C. subhirtella*，树皮浅纵裂或龟裂；叶片下面伏生白色疏柔毛，侧脉 10~14 对，直伸至平行；花序总苞片倒卵形，早落；核果黑色。见于德清。

126 麦李

Cerasus glandulosa (Thunb.) Lois.

形态特征｜落叶灌木。小枝灰棕色或棕褐色。叶片卵状长圆形或长圆状披针形，（2.5~6cm）×（1~2cm），先端急尖，稀渐尖，基部楔形或宽楔形，最宽处在中部，边缘有细钝重锯齿，侧脉4~5对；叶柄长1.5~3mm；托叶线形，早落。花单生或2~3朵簇生，花叶同放，花瓣白色或粉红色。核果近球形，红色或紫红色。花期3—4月，果期5—8月。

分布与生境｜见于德清、长兴、吴兴；生于山坡、沟谷灌丛中。产于湖州、杭州、宁波、金华、台州、丽水；分布于长江流域及其以南地区、鲁、豫。

用　　途｜繁花满枝，株形紧凑，是优良的春季观赏花卉；果可食；种仁入药。

127 野山楂 | *Crataegus cuneata* Sieb. et Zucc.

形态特征｜落叶灌木。分枝密，枝刺细，刺长 5~8mm。单叶互生；叶片宽倒卵形至长倒卵形，长 2~6cm，先端急尖，常 3 浅裂，基部楔形并下延至叶柄基部，边缘有不规则尖锐重锯齿；叶柄长 4~15mm；托叶大，镰刀状，边缘有齿。伞房花序，花序梗和花梗均被柔毛；花白色。果实扁球形，红色或黄色，直径 1~1.5cm。花期 5—6 月，果期 9—11 月。

分布与生境｜见于德清、安吉、长兴、吴兴；生于沟谷、山坡灌丛、疏林中及林缘。产于全省山区、半山区；分布于华东、华中、华南及西南。

用　　途｜花白色，果实红色或黄色，可作园林观花观果植物，适用于边坡、断面覆绿、石景点缀；果可食；嫩叶可代茶；果、茎、叶、根可入药。

湖北山楂

华中山楂

湖北山楂 *C. hupehensis*，叶片卵形至卵状长圆形，基部宽楔形或近圆形，中部以上具 2~4 对浅裂片，边缘具圆钝锯齿；叶柄长 3.5~5cm；花序梗和花梗均无毛；果实黄色，直径 2.5cm，具褐色斑点。见于德清、安吉、长兴、吴兴。

华中山楂 *C. wilsonii*，叶片卵形或倒卵形，基部圆形、楔形或心形，边缘有尖锐锯齿，幼时齿尖有腺，通常中部以上具 3~5 对浅裂片；叶柄长 2~2.5cm；花序梗和花梗均被白色茸毛；果实椭圆形，直径约 6mm，几无斑点。见于德清。

128 白鹃梅 茧子花

| *Exochorda racemosa* (Lindl.) Rehd.

形态特征｜落叶丛生灌木。小枝微具棱，无毛。单叶互生；叶片椭圆形、长椭圆形至长圆状倒卵形，(3.5~6.5cm)×(1.5~3.5cm)，先端圆钝或急尖，基部楔形或宽楔形，全缘，稀中部以上有钝锯齿，两面无毛；叶柄长5~15mm。总状花序顶生，有花6~10朵，花梗长3~15mm；花白色，直径2.5~3.5cm，花瓣基部有短瓣柄。蒴果倒圆锥形，有5条棱脊。花期4—5月，果期6—8月。

分布与生境｜见于德清、安吉、长兴、吴兴；生于山坡、山冈灌丛中、疏林下、林缘或溪谷边。产于杭州、绍兴、宁波、台州、金华等地；分布于苏、皖、豫。

用　　途｜花大洁白，花时满树雪白，十分美丽，是优良的花灌木，点缀石景极佳；花蕾及嫩梢可作蔬菜；根皮、树皮可入药。

129 棣棠

Kerria japonica (Linn.) DC.

形态特征｜落叶灌木。小枝绿色，有棱，略曲折，常拱垂，无毛。叶片三角状卵形或宽卵形，先端长渐尖，基部圆形、截形或微心形，边缘具尖锐重锯齿，下面沿脉或脉腋有柔毛；叶柄长5~10mm。花单生于枝顶，直径2.5~6cm，花瓣黄色，先端下凹；萼片卵状椭圆形，宿存。瘦果褐色，倒卵形至半球形。花期4—6月，果期6—8月。

分布与生境｜见于安吉；生于沟谷、溪边灌丛中、岩石旁或阴湿山坡林缘。产于杭州、宁波、温州、湖州、金华、衢州、丽水等地；分布于秦岭以南亚热带地区。

用　　途｜花色黄艳，枝条翠绿飘逸，是公园、庭院美化的优良花灌木；茎髓供药用。

130 刺叶桂樱

Laurocerasus spinulosa (Sieb. et Zucc.) Schneid.

形态特征｜常绿乔木。小枝紫褐色或黑褐色，皮孔显著。叶片薄革质，长圆形、倒卵状长圆形，（5~10cm）×（2~4.5cm），先端渐尖至尾尖，基部宽楔形至近圆形，偏斜，边缘波状，中部以上或先端具针刺状锯齿（萌芽枝上叶片基部具锯齿），近基部常具1~2对基腺，上面亮绿色，侧脉8~14对；叶柄长0.5~1.5mm。总状花序单生于叶腋，有花10至20余朵；花瓣白色，圆形。果实褐色至黑褐色，椭圆形。花期10—11月，果期12月至次年翌年4月。

分布与生境｜见于德清、安吉、长兴、余杭；生于沟谷、山坡林中或林缘。产于杭州、温州、绍兴、湖州、衢州、丽水、舟山；分布于长江流域及其以南各地。

用　　途｜株形优美，花期深秋，一条白色花序映衬在亮绿色的叶片上，尤为雅致，是此季节表现突出的常绿观花树种，具有很好的开发前景；材用树种；种子供药用。

131 湖北海棠 野海棠 | *Malus hupehensis* (Pamp.) Rehd.

形态特征 | 落叶小乔木或灌木。叶在芽中呈席卷状；叶柄、花梗的向阳面带紫红色。单叶互生；叶片卵形、卵状椭圆形，（3~8cm）×（2~3.5cm），先端急尖或渐尖，基部宽楔形，边缘具细锐锯齿，具稀疏的脱落性短柔毛，常呈紫红色，侧脉4对；叶柄长1~3cm。花4~6朵，粉红色或白色，花柱3（4）枚。果实熟时通常黄绿色，直径约8mm。花期4—5月，果期8—9月。

分布与生境 | 见于德清、安吉、长兴、吴兴；生于山坡、沟谷林中或林缘。产于全省丘陵地带；分布于黄河流域及其以南地区。

用　　途 | 花、果俱美，可作园林观赏树种；可作苹果树砧木；根、果入药。

毛山荆子 *Malus baccata* var. *mandshurica*，与湖北海棠的区别在于：叶片两面脉上及叶柄有柔毛；果实熟时常红色，直径8~14mm。见于吴兴。

132 櫟木 华东稠李 红桃木 | *Padus buergeriana* (Miq.) Yu et Ku

形态特征｜落叶乔木。树皮具环状横向裂纹，粗糙；小枝无毛，基部膨大。叶片倒卵状披针形或椭圆形，通常中部以上最宽，无毛，（4~10cm）×（2.5~5cm），先端尾状渐尖或短渐尖，基部楔形，有时有 2 枚腺体，细脉不明显，边缘有贴生细锯齿；叶柄长 1~1.5cm，顶端无腺体。总状花序长 6~9cm，基部无叶；花白色。核果近球形，红色至黑褐色；萼片宿存。花期 4—5 月，果期 5—10 月。

分布与生境｜见于德清；散生于山坡、沟谷林中或林缘。产于全省山区；分布于华东、华中及桂、川、黔、陕、甘。

用　　途｜珍贵材用树种；花繁叶茂，秋叶可赏，树姿优美，适作山地森林公园、风景区绿化观赏树种。

短梗稠李

细齿稠李

绢毛稠李

短梗稠李 *P. brachypoda*，叶片基部微心形或圆形，边缘锯齿有短芒；叶柄顶端有腺体；花序基部有叶；萼片果期脱落。见于安吉。

细齿稠李 *P. obtusata*，叶片狭长圆形、椭圆形或倒卵形，先端急尖或短渐尖，基部近圆形或宽楔形；边缘锯齿细小；叶柄顶端有腺体；花序基部有叶；萼片果期脱落。见于德清。

绢毛稠李（大叶稠李）*P. wilsonii*，小枝被短柔毛；叶片下面密被白色后变棕色的绢毛；叶柄顶端或叶基具 2 枚腺体；花序基部叶；萼片果期脱落。见于德清。

133 中华石楠 | *Photinia beauverdiana* Schneid.

形态特征｜落叶小乔木或灌木状。小枝紫褐色，无毛，散生灰色皮孔。叶片薄纸质，长圆形、倒卵状长圆形或卵状披针形，（5~10cm）×（2~4.5cm），先端突渐尖，基部圆形或楔形，边缘疏生具腺锯齿，上面光亮无毛，下面沿中脉疏生柔毛，侧脉 9~14 对，叶脉在上面微凹陷；叶柄长 5~10mm。复伞房花序，花序梗、花梗无毛，具瘤点状皮孔，果期更显著。梨果红色。花期 5 月，果期 7—8 月。

分布与生境｜见于德清、安吉；生于山地丘陵的山坡、沟谷的林下、林缘、疏林中。产于全省山区、半山区；广泛分布于秦岭以南的亚热带地区。

用　　途｜花白果红，适作庭院绿化观赏树种；材用树种。

小叶石楠

伞花石楠

庐山石楠

小叶石楠 *Ph. parvifolia*，叶片卵形、卵状披针形至菱状椭圆形，(2~5.5cm)×(1~2.5cm)，先端渐尖至长渐尖；伞形花序常有花2朵，无花序梗，花梗下垂。见于德清、吴兴、余杭。

伞花石楠 *Ph. subumbellata*，叶片椭圆形至菱状卵形，(4~8cm)×(1~3.5cm)，先端尖或尾尖，下面苍白色；叶柄长约1mm；伞形花序有花2~9朵，无花序梗，花梗长1~2.5cm。见于安吉、长兴、吴兴。

庐山石楠 *Ph. villosa* var. *sinica*，叶片椭圆形或长圆状椭圆形，(4~8.5cm)×(2~4.5cm)；伞房花序常具花5~8朵，花序梗具毛。见于吴兴。

134 石楠

Photinia serratifolia (Desf.) Kalkman

形态特征｜常绿小乔木，常呈灌木状。小枝粗壮无毛。叶片革质，倒卵状椭圆形、长椭圆形或长倒卵形，（9~22cm）×（3~6.5cm），先端急尖或钝尖，基部圆形或宽楔形，边缘具细锯齿，近基部全缘，幼苗或萌芽枝的叶片边缘锯齿锐尖呈硬短刺状，中脉显著，侧脉 25~30 对；叶柄粗壮，长 2~4cm。复伞房花序顶生，花密集，白色。果实球形，红色，后变紫褐色。花期 4—5 月，果期 10 月。

分布与生境｜见于德清、安吉、长兴、吴兴、余杭；生于山坡、沟谷林中或林缘。产于全省山区、半山区；分布于我国秦岭—淮河以南各地。

用　　途｜嫩梢红色，繁花白色，红果经冬不凋，是优良的园林绿化树种；材质坚硬；油料作物；叶、根入药；用作枇杷之砧木。

光叶石楠 *Ph. glabra*，叶片较小，长圆状倒卵形或椭圆形，长 5~9cm，侧脉 10~18 对；叶柄长 1~1.5cm，具 1 至数个腺齿。见于德清、安吉、长兴、吴兴。

135 豆梨 | *Pyrus calleryana* Decne.

形态特征 | 落叶小乔木。冬芽芽鳞背面有毛；有枝刺；二年生枝灰褐色。单叶互生；叶片宽卵形至卵状椭圆形，（4~8cm）×（3.5~6cm），先端渐尖，基部圆形至宽楔形，边缘有圆钝细锯齿或全缘；叶柄长 2~4cm。伞房总状花序，花白色。梨果褐色，球形，有斑点，直径约 1cm。花期 4 月，果期 9—11 月。

分布与生境 | 见于德清、安吉、长兴、吴兴；生于山坡林中、林缘、沟谷边、灌丛中。产于全省山区、半山区；分布于华东、华中、华南。

用　　途 | 花朵洁白繁茂，春季观花植物，可作园林观赏树种；根皮、果皮可入药；常作沙梨之砧木。

全缘叶豆梨 *P. calleryana* var. *integrifolia*，叶片全缘，常卵形，基部钝圆。见于安吉（梅溪为模式产地）、吴兴。

136 石斑木

Raphiolepis indica (Linn.) Lindl.

形 态 特 征｜常绿灌木。小枝被脱落性褐色茸毛。叶片革质，卵形、长圆形，（4~8cm）×（1.5~4cm），先端圆钝或急尖，基部渐狭下延至叶柄，边缘具细钝锯齿，背面常疏被茸毛，上面侧脉、细脉下陷，下面灰白色，细脉清晰；叶柄长 0.5~2cm。圆锥花序或总状花序顶生；花瓣白色或淡红色。果实球形，紫黑色。花期 4—5 月，果期 7—8 月。

分布与生境｜见于德清、安吉、长兴、吴兴；生于的山坡、沟谷林中、林缘灌丛中。产于全省山区、半山区；分布于我国亚热带及其以南各地。

用　　途｜冠形紧密，花朵成簇，是很好的花灌木，可供庭院绿化观赏；果实可食；叶、根入药。

137 小果蔷薇 山木香

Rosa cymosa Tratt.

形态特征｜常绿或半常绿攀援灌木。小枝具钩状皮刺。奇数羽状复叶，互生；小叶通常5枚，叶轴疏被皮刺和腺毛；托叶离生，线形，早落；小叶片卵状披针形或椭圆形，（2.5~6cm）×（1~2.5cm），先端渐尖，基部近圆形，边缘有紧贴尖锐细锯齿，两面无毛或上面中脉有疏长柔毛。复伞房花序多花；花白色，直径2~2.5cm。蔷薇果球形，黄色、橙黄色至褐色。花期5—6月，果期7—11月。

分布与生境｜见于全区各地；生于山坡林中、溪沟、林缘或灌丛中。产于全省山区、半山区；分布于我国长江流域及其以南各地。

用　　途｜花序密集，花期长，适于公园、庭院垂直美化，是很好的观赏藤本；嫩芽、花瓣可食；根、果、花、叶入药。

毛叶小果蔷薇

硕苞蔷薇

软条七蔷薇

毛叶小果蔷薇 *R. cymosa* var. *puberu*，小枝、皮刺、叶柄、叶轴和叶片两面均密被或疏被短柔毛。见于长兴、吴兴。

硕苞蔷薇 *R. bracteata*，小枝具柔毛和腺毛；小叶常 5~9 枚，椭圆形或倒卵形，边缘有紧贴圆钝锯齿；托叶呈篦齿状深裂；花直径 4.5~7cm；果实密被黄褐色柔毛。见于德清、安吉、长兴、吴兴。

软条七蔷薇（秀蔷薇）*R. henryi*，托叶大部分贴生于叶柄，离生部分披针形，全缘；小叶长圆形、卵形、椭圆形或椭圆状卵形，先端长渐尖或尾尖，边缘具锐锯齿；花直径 3~4cm。见于德清、安吉、长兴、吴兴。

138 金樱子 刺梨子 | *Rosa laevigata* Michx.

形态特征 | 常绿攀援灌木。小枝具扁弯皮刺。三出复叶，互生；叶轴、小叶柄有皮刺和腺毛；托叶披针形，边缘有细齿，齿端有腺体，早落；小叶片革质，椭圆状卵形、倒卵形，（2~6cm）×（1~3.5cm），先端急尖或圆钝，边缘具锐锯齿。花单生于叶腋，白色，直径 5~7cm。蔷薇果梨形或倒卵形，密被针刺，顶端有宿存萼片，熟时紫褐色。花期 4—6 月，果期 9—10 月。

分布与生境 | 见于德清、安吉、长兴、吴兴；生于向阳山坡、沟谷疏林中，攀爬或覆盖于灌丛、岩石上。产于全省山区、半山区；分布于我国长江流域及其以南各地。

用　　途 | 花大洁白，花期长，果形奇特，适供边坡、庭院垂直绿化；肉质果托可食用；根、叶、果入药。

139 野蔷薇 多花蔷薇

Rosa multiflora Thunb.

形态特征｜落叶或半常绿攀援灌木。小枝无毛，皮刺粗短而弯曲。奇数羽状复叶，互生；小叶 5~9 枚；叶轴、叶柄有短柔毛或腺毛；托叶篦齿状，大部贴生于叶柄，边缘有腺毛；小叶片倒卵形、长圆形或卵形，(1.5~5cm) × (1~3cm)，先端急尖或圆钝，基部近圆形或楔形，边缘具尖锐锯齿，背面有柔毛。圆锥状花序；花白色，直径 1.5~2.5cm。蔷薇果近球形，熟时红色。花期 5—7 月，果期 10—11 月。

分布与生境｜见于全区各地；生于向阳山坡、溪沟边、路旁或灌丛中。产于全省山区、半山区；分布于我国黄河流域及其以南各地。

用　　途｜茎攀援，花繁叶茂，可用于园林绿化；嫩芽、花瓣可食用；花、果、根入药；常用作月季砧木。

粉团蔷薇

广东蔷薇

粉团蔷薇 *R. multiflora* var. *cathayensis*，花粉红色。见于德清、安吉、长兴、吴兴、余杭。

广东蔷薇 *R. kwangtungensis*，托叶有不规则裂齿；小叶片两面有毛。见于余杭。

140 寒莓

| *Rubus buergeri* Miq.

形态特征｜常绿蔓性灌木。茎匍匐或蔓性，着地生根，连同叶柄、花序密被褐色或灰白色茸毛状长柔毛，有稀疏小皮刺。单叶互生；叶片卵形至近圆形，直径 4~8cm，先端圆钝或稍急尖，基部心形，边缘具不整齐锐锯齿，不明显 3~5 浅裂，裂片圆钝，下面密被脱落性茸毛；托叶掌状或羽状深裂。短总状花序；花瓣白色。聚合果近球形，红色。花期 8—9 月，果期 10 月。

分布与生境｜见于德清、安吉、长兴、吴兴；生于低海拔山坡林下、灌丛、沟谷或竹林中。产于全省山区、半山区；分布于长江流域及其以南各地。

用　　途｜叶色浓绿，耐阴，适作地被植物；果可食用；全株入药。

周毛悬钩子

太平莓

周毛悬钩子 *R. amphidasys*，叶片长大于宽，先端短渐尖或急尖，边缘 3~5 浅裂，背面有疏柔毛。见于德清、安吉、长兴、吴兴。

太平莓 *R. pacificus*，茎无毛；叶片革质，宽卵形或长卵形，边缘不明显浅裂，背面密被灰白色茸毛，背面侧脉隆起，棕色或褐色。见于德清、长兴。

141 掌叶覆盆子 *Rubus chingii* Hu

形态特征｜落叶灌木。幼枝绿色，有白粉和皮刺，无毛。单叶互生；叶片近圆形，直径5~9cm，通常掌状5深裂，裂片基部渐狭，叶基近心形，具五出脉，边缘有重锯齿或缺刻，两面脉上有白色短柔毛；叶柄长3~5cm，疏生小皮刺。花单生，白色，花梗长2~4cm。聚合果红色，球形，直径1.5~2cm，密被白色柔毛，下垂。花期3—4月，果期5—6月。

分布与生境｜见于全区各地；生于山坡疏林、林缘或灌丛中。产于全省山区、半山区；分布于苏、皖、赣、闽。

用　　途｜叶形美观，花大色白，可供园林观赏；果可鲜食；果、根可入药。

山莓 *R. corchorifolius*，叶片卵形、卵状披针形，先端渐尖，基部心形至圆形，不裂或3浅裂，边缘有不整齐重锯齿，基部有3条脉；叶柄长1~3cm。见于德清、安吉、长兴、吴兴、余杭。

142 插田泡 Rubus coreanus Miq.

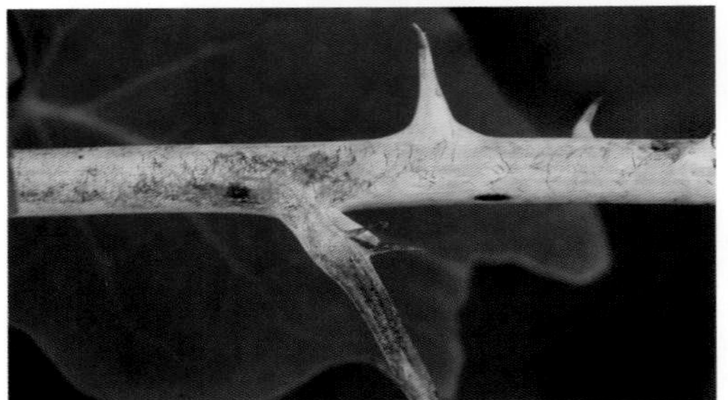

形态特征｜落叶攀援藤本。枝条红褐色，常被白粉，具坚硬皮刺。奇数羽状复叶；小叶5~7枚，卵形、菱状卵形或宽卵形，（3~7cm）×（2~4.5cm），先端急尖，基部楔形或近圆形，边缘有不整齐粗齿或缺刻状；顶生小叶片有时3浅裂；小叶柄、叶轴均被短柔毛并疏生钩状小皮刺。伞房状圆锥花序顶生，花序梗和花梗均被灰白色短柔毛；花淡红色至深红色，直径约1cm；萼片边缘具茸毛，果时反折。聚合果近球形，深红色至紫黑色。花期4—6月，果期6—8月。

分布与生境｜见于德清、安吉、长兴、吴兴、余杭；生于山坡、沟边灌丛中。产于全省各地；分布于华东、华中、西南、西北。

用　　途｜果味酸甜，可鲜食或酿酒，也可入药，为强壮剂；根具止血、止痛之效。

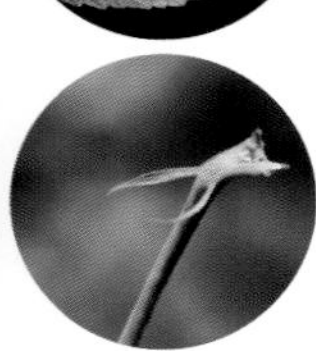

弓茎悬钩子 *R. flosculosus*，植株无腺毛；小叶卵形至卵状披针形，下面密被灰白色茸毛；狭圆锥花序顶生，总状花序侧生。见于安吉、长兴。

143 蓬蘽

Rubus hirsutus Thunb.

形态特征｜半常绿小灌木。枝、叶柄和小叶柄均被腺毛、柔毛及散生皮刺。奇数羽状复叶，互生；小叶 3~5 枚，叶柄长 2~5cm；托叶披针形；小叶片卵形或宽卵形，长 3~7cm，先端急尖或渐尖，基部圆形、心形或宽楔形，边缘有不整齐的重锯齿。花单生，直径 3~4cm，白色。聚合果红色,近球形。花期 4—6 月，果期 5—7 月。

分布与生境｜见于全区各地；生于山沟、路旁、灌丛中，常小片生长。产于全省各地；分布于华东及台、粤、豫。

用　　途｜花色洁白，可作林缘地被；果可食用；全株或根、叶入药。

多瓣蓬蘽

重瓣蓬蘽

大红泡

多瓣蓬蘽 *R. hirsutus* form. *harai*，花半重瓣，6~18 枚。见于安吉、吴兴。

重瓣蓬蘽 *R. hirsutus* form. *plenus*，几无花梗；花较大，重瓣；雄蕊、雌蕊、花萼均退化为花瓣状，淡绿色。见于吴兴、余杭。

大红泡 *R. eustephanus*，植株无毛；小枝常有棱角；小叶常卵形或椭圆形。见于安吉。

144 高粱泡

Rubus lambertianus Ser.

形态特征｜半常绿蔓性灌木。茎有棱，散生钩状小皮刺。叶片宽卵形，稀长圆状卵形，长 7~10cm，先端渐尖，基部心形，边缘明显 3~5 裂或呈波状，有微锯齿，正面疏生柔毛，背面脉上被脱落性长硬毛，中脉常疏生小皮刺；叶柄长 2~5cm，散生皮刺；托叶线状深裂。圆锥花序顶生，花梗长 0.5~1cm，花瓣白色。聚合果红色，球形。花期 7—8 月，果期 9—11 月。

分布与生境｜见于全区各地；生于低海拔丘陵地带林下、沟边或路旁。产于全省各地；分布于长江流域及其以南各地。

用　　途｜枝条披散，圆锥花序挂于枝头，果实丰富，亮红艳丽，秋叶常带紫红色，供边坡、断面覆绿；果供食用；根入药。

145 茅莓

Rubus parvifolius Linn.

形态特征｜落叶披散灌木。小枝、叶柄、萼片被柔毛和稀疏钩状皮刺。三出复叶，互生；小叶片菱状圆形至宽倒卵形，正面伏生疏柔毛或近无毛，背面密被灰白色茸毛，先端圆钝，基部圆形或宽楔形，边缘具粗锯齿；托叶线形；顶生小叶片长3~6cm，侧生小叶片稍小。伞房花序；花粉红色至紫红色。聚合果卵球形，红色。花期4—7月，果期7月。

分布与生境｜见于全区各地；生于山坡、路边等。产于全省各地；除新、藏、宁外，分布于全国各地。

用　　途｜果可食用；全株或根入药。

146 红腺悬钩子 | *Rubus sumatranus* Miq.

形态特征 | 直立或攀援灌木。小枝、叶轴、叶柄、花序轴、花梗均密被紫红色具腺刚毛、柔毛及皮刺。奇数羽状复叶，互生；小叶常 5~7 枚，卵状披针形至披针形，（2.5~9cm）×（1.5~3.5cm），先端渐尖，基部圆形、偏斜，边缘有不整齐的尖锐锯齿，两面疏生柔毛，背面沿脉有小皮刺。花单生或数朵成伞房花序；花白色。聚合果长圆形，橘红色。花期 4—6 月，果期 5—8 月。

分布与生境 | 见于德清、安吉、长兴、吴兴；生于山坡林下或林缘。产于湖州、杭州、衢州、台州、丽水、温州；分布于华东、华南、西南及鄂、湘。

用　　途 | 植株密被紫红色腺体，别具特色，可供观赏；果可食；根入药。

147 木莓 | *Rubus swinhoei* Hance

形态特征｜半常绿攀援藤本。茎细长，疏生小皮刺，幼时常密被灰白色短茸毛。叶片宽卵形至长圆状披针形，(7.5~13cm)×(3~7cm)，先端渐尖，基部截形至浅心形，边缘具不整齐锯齿，通常在不育枝和越冬的叶片下面密被不脱落的灰色平贴茸毛，而果枝上的叶片下面仅沿叶脉有疏毛或无毛。总状花序顶生；花序梗、花梗和花托均被紫褐色腺毛和疏刺；花白色，直径1~1.5cm。聚合果球形，熟时由紫红色变为紫黑色。花期4—6月，果期7—8月。

分布与生境｜见于德清；生于山坡、沟边林下或灌丛中。产于全省各山区；分布于华东、华中、华南、西南、西北。

用　　途｜果味不佳；茎皮可提取栲胶。

148 中华绣线菊 铁黑汉条 | *Spiraea chinensis* Maxim.

形态特征｜落叶灌木。小枝红褐色，拱曲，幼时被黄色茸毛或无毛。叶片菱状卵形至倒卵形，（2.5~6cm）×（1.5~3cm），先端急尖或圆钝，基部宽楔形或圆形，边缘有缺刻状粗锯齿或不明显 3 裂，上面被短柔毛，脉纹深陷，下面密被黄色茸毛，侧脉隆起；叶柄长 4~10mm，被短茸毛。伞形花序具花 16~25 朵；花梗被短茸毛；花瓣白色，近圆形。蓇葖果开张，被短柔毛。花期 4—6 月，果期 6—10 月。

分布与生境｜见于德清、安吉、长兴、吴兴；生于山坡、沟谷溪边疏林、林缘及陡崖。产于全省山区、半山区，石灰岩地及沿海地区常见；分布于我国暖温带至亚热带地区。

用　　途｜花白密集，枝条披散，花期长，是良好的园林观赏植物，可用于林缘地被或点缀石景。

麻叶绣线菊

疏毛绣线菊

单瓣李叶绣线菊

麻叶绣线菊 *S. cantoniensis*，叶、花序无毛；叶片菱状披针形至菱状长圆形，先端急尖，羽状脉，下面蓝灰色。见于德清、安吉、长兴、吴兴。

疏毛绣线菊 *S. hirsuta*，叶片倒卵形或椭圆形，先端圆钝，边缘中部以上或先端有钝或稍锐锯齿，叶背疏被短柔毛。见于安吉、长兴、吴兴。

单瓣李叶绣线菊 *S. prunifolia* var. *simpliciflora*，叶片小，卵形至长圆状披针形，先端急尖，缘有细锐单锯齿，下面被疏短柔毛。见于德清、安吉、长兴、吴兴。

149 合欢 夜合树

Albizzia julibrissin Durazz.

形态特征 | 落叶乔木。树冠开展，树皮灰褐色，密生皮孔。二回羽状复叶，互生，羽片4~12对，叶柄近基部有1枚长圆形腺体；小叶20~60枚，镰形或斜长圆形，（6~13mm）×（1~4mm），中脉紧靠上部叶缘。头状花序再排成伞房状圆锥花序；花冠淡粉红色，花丝上部粉红色。荚果带状。花期6—7月，果期8—10月。

分布与生境 | 见于全区各地；生于向阳山坡、溪边疏林中或林缘。产于全省山区、半山区；分布于黄河流域及其以南各地。

用　　途 | 冠形优美，叶形雅致，夏季绒花满树，是极好的园景树、行道树；嫩叶可食；树皮可作纤维、栲胶原料；根、树皮、花入药。

山合欢（山槐）*A. kalkora*，羽片2~4对；小叶10~28枚，长圆形或长圆状卵形，（1.5~4.5cm）×（0.5~2cm）；花常白色。见于德清、安吉、长兴、吴兴、余杭。

150 云实 黄牛刺

Caesalpinia decapetala (Roth) Alston

形态特征｜落叶攀援灌木。全体散生倒钩状皮刺。幼枝及幼叶被脱落性褐色或灰黄色短柔毛，老枝红褐色。二回羽状复叶互生，长 20~30cm，羽片 3~10 对；小叶 14~30 枚，长圆形，（9~25mm）×（6~12mm），两端钝圆，全缘；小叶柄极短。总状花序顶生，直立，长 13~35cm；花黄色。荚果长圆形，栗褐色。花期 4—5 月，果期 9—10 月。

分布与生境｜见于德清、安吉、长兴、吴兴、余杭；生于沟谷、山坡疏林下、林缘、岩石旁及灌丛中。产于全省山区、半山区；分布于秦岭以南各地。

用　　途｜花序大而直立，黄而鲜艳，观赏性极佳，适作刺篱；种子富含油脂；荚果、种子、花、茎、根入药。

151 紫荆 | *Cercis chinensis* Bunge

形态特征｜落叶灌木或小乔木。小枝具明显皮孔。叶片近圆形或三角状圆形，（6~14cm）×（5~14cm），先端急尖，基部心形，两面无毛；叶柄长 3~3.5cm。花于早春先叶开放，簇生于老枝上，紫红色。荚果薄革质，带状，扁平，腹缝线有宽约 1.5mm 的翅，具明显网纹。花期 4—5 月，果期 7—8 月。

分布与生境｜见于长兴；生于山坡疏林中或沟谷灌丛中。各地普遍栽培，省内南北部偶见野生。

用　　途｜早春观赏花木；根、皮、花供药用。

152 皂荚

Gleditsia sinensis Lam.

形态特征｜落叶乔木。树干和枝条具分枝刺，分枝刺圆柱形。一回羽状复叶，常簇生状；小叶 6~18 枚，卵形、长圆状卵形或卵状披针形，先端圆钝，具短尖头，基部圆形或楔形，有时稍偏斜，边缘具细锯齿或较粗锯齿，下面细脉明显。总状花序细长，腋生或顶生；花杂性，黄白色。荚果稍肥厚，木质，劲直或略弯曲，基部渐狭成长柄状，经冬不落；有多数种子，种子红棕色，长椭圆形，扁平。花期 5—6 月，果期 8—12 月。

分布与生境｜见于德清、安吉、长兴、吴兴；零星散生于向阳山坡、谷地或路旁。产于全省各地；分布于华东、华中、华南、西南、华北。

用　　途｜分枝刺棘刺状，树体高大，树冠宽阔，叶密荫浓，可栽培作刺篱；材用树种；果富含皂苷；种子可榨油；种仁可食；枝刺、种子供药用。

153 杭子梢 *Campylotropis macrocarpa* (Bunge) Rehd.

形态特征｜落叶灌木，高1~2m。幼枝密被白色或淡黄色短柔毛，具纵棱。三出复叶，互生；小叶片长圆形或椭圆形，先端微凹或钝圆，具短尖头，基部圆形，正面近无毛，背面有淡黄色短柔毛，细脉明显；顶生小叶片长3~6.5cm，侧生小叶片稍短。总状花序或圆锥花序；花梗具关节，花自关节处脱落；每一苞片内具花1朵；花冠红紫色或粉红色。荚果斜椭圆形，网纹明显，腹缝线具短柔毛，具1粒种子。花期6—10月，果期9—11月。

分布与生境｜见于德清、安吉、长兴、吴兴、余杭；生于山坡、山冈、沟谷疏林下、林缘、灌草丛中及陡峭石壁处。产于全省各地；分布于华东、华中、西南及粤、晋、冀、甘、辽。

用　　途｜花密而艳，耐干旱瘠薄，可供断面、边坡覆绿；根或全株入药。

154 锦鸡儿 土黄芪 | *Caragana sinica* (Buch.) Rehd.

形态特征｜落叶灌木。枝条开展；小枝黄褐色或灰色，具棱，无毛。一回羽状复叶互生；小叶 4 枚，倒卵形、倒卵状楔形或长圆状倒卵形，（1~3.5cm）×（0.5~1.5cm），先端圆或微凹，通常具短尖头；叶轴先端和托叶先端均硬化成针刺；托叶三角状披针形。花单生于叶腋，黄色带红，凋谢前变红褐色。荚果条形，稍扁。花期 4—5 月，果期 5—8 月。

分布与生境｜见于吴兴；生于山坡、沟谷、路旁灌丛中或疏林下。产于全省山区、半山区；分布于华东、华南、西南、华北。

用　　途｜枝叶扶疏，花繁艳丽，适供庭院绿化；花、根可食；根皮、花入药。

155 翅荚香槐

Cladrastis platycarpa (Maxim.) Makino

形态特征｜落叶乔木。树皮暗灰色；小枝褐色，密布淡黄色皮孔；芽叠生，被膨大的叶柄基部包裹。奇数羽状复叶；小叶 7~9 枚，互生，椭圆形至长椭圆形，先端渐尖，基部圆形，上面沿中脉微被柔毛，下面黄绿色，沿中脉被长柔毛；小托叶宿存。圆锥花序顶生，长 10~30cm；花白色，花瓣具瓣柄和黄色小斑点。荚果两侧具狭翅。花期 6—7 月，果期 9—10 月。

分布与生境｜见于德清、长兴、吴兴；生于沟谷、向阳山坡林中。产于临安、天台、松阳等地；分布于苏、湘、粤、桂、黔。

用　　途｜枝叶扶疏，花多洁白，气味芬芳，可作庭院观赏树种；材用树种；根供药用。

156 黄檀 檀树

Dalbergia hupeana Hance

形态特征｜落叶乔木，常呈灌木状。树皮条片状纵裂剥落。当年生小枝绿色，皮孔明显，无毛。奇数羽状复叶，互生，具小叶 9~11 枚；小叶片常互生，长圆形或宽椭圆形，(3~5.5cm) × (1.5~3cm)，先端圆钝，微凹，基部圆形或宽楔形，全缘，两面被平伏短柔毛。圆锥花序；花冠淡紫色或黄白色。荚果扁平。花期 5—6 月，果期 8—9 月。

分布与生境｜产于全区各地；生于山坡、沟谷林中、林缘、疏林中或灌丛中。产于全省山区、半山区；分布于长江流域及其以南各地。

用　　途｜春季发芽特别迟，枝叶扶疏而清秀，秋叶转色，可供山区生态造林；优良的材用树种；嫩叶可食；根、叶入药。

157 小槐花 黏身草

Desmodium caudatum (Thunb.) DC.

形态特征｜落叶亚灌木。茎直立，多分枝。三出复叶互生；叶柄长 1~3.5cm，两侧具狭翅；托叶三角状钻形，疏被长柔毛；小叶片披针形、宽披针形或长椭圆形，(2.5~9cm) × (1~4cm)，先端渐尖或尾尖，基部楔形或宽楔形，两面被短柔毛，脉上毛较密。总状花序腋生或顶生；花绿白色或淡黄白色。荚果带状，有 4~8 个荚节，易折断，两缝线均缢缩成浅波状，密被棕色钩状毛。花期 7—9 月，果期 9—11 月。

分布与生境｜见于德清、安吉、长兴、吴兴、余杭；生于山坡、山沟疏林下或灌草丛中。产于全省山区、半山区；分布于长江流域及其以南各地。

用　　途｜根或全株入药；可作牧草。

158 假地豆 | *Desmodium heterocarpum* (Linn.) DC.

形态特征｜落叶亚灌木。茎常平卧，被开展毛。三出复叶；叶柄长 1~3cm；托叶三角状披针形，长 0.5~1cm，具纵脉；顶生小叶片椭圆形、长椭圆形或倒卵状椭圆形，(2~6cm)×(1~3cm)，先端圆钝或微凹，基部圆形或宽楔形，正面无毛，背面被伏毛。总状花序，长 3~10cm，花密集；花序梗密被开展的淡黄色钩状毛；花冠紫红色或蓝紫色。荚果条形，被钩状毛，具 4~8 个荚节。花期 7—9 月，果期 9—11 月。

分布与生境｜见于吴兴；生于山坡疏林下、路旁灌草丛中。产于全省山区、半山区；分布于长江以南各地。

用　　途｜全株入药；花色鲜艳，可作观赏地被。

159 小叶三点金 | *Desmodium microphyllum* (Thunb.) DC.

形态特征｜落叶亚灌木。茎平卧，有时稍直立，多分枝。三出复叶；叶柄长 1~5mm，无毛或疏被短柔毛；托叶披针形或卵状披针形；顶生小叶片椭圆形或倒卵形，（2~15mm）×（1~7mm），先端圆形或钝，有时微凹，有小尖头，基部浅心形，正面近无毛，背面疏被白色伏毛；侧生小叶片明显较小。总状花序；花稀疏，粉红色或淡紫色。荚果两面被细钩状毛，两缝线在荚节间缢缩成牙齿状。花期 7—8 月，果期 9—10 月。

分布与生境｜见于德清、安吉、长兴、吴兴；生于山坡、路旁灌草丛中。产于全省山区、半山区；分布于长江流域及其以南各地。

用　　途｜枝叶纤细，花色鲜艳，果形独特，可供庭院观赏；根或全株入药。

160 圆菱叶山蚂蝗

Hylodesmum podocarpium (DC.) H. Ohashi et R. R. Mill

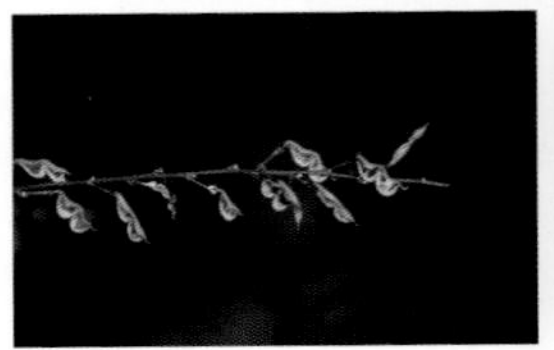

形态特征｜小灌木或亚灌木，高50~100cm。茎直立，通常不分枝。三出羽状复叶，常聚生于茎中上部；顶生小叶圆菱形，(2~7cm) × (2~6cm)，先端钝尖，基部宽楔形，两面疏生短柔毛；侧生小叶略小。圆锥花序顶生，稀总状花序腋生，果时长达40cm；花序轴密被柔毛，每节着花1~2朵；花梗细；花冠紫红色，旗瓣近圆形，先端微凹，翼瓣和龙骨瓣具瓣柄。荚果长12~16mm，通常具2个荚节，被短钩状毛。花期7—8月，果期9—10月。

分布与生境｜分布与生境：见于长兴；生于向阳山坡、路边草丛中或疏林下。产于全省各地；分布于华北、华东、华中、华南、西南、西北；东亚、东南亚、南亚也有。

用　　途｜根或全株入药，主治急性黄疸型肝炎、风湿痹痛、跌打损伤、疳积、毒蛇咬伤等。

宽卵叶长柄山蚂蝗

宽卵叶长柄山蚂蝗 *H. podocarpium* subsp. *fallax*，小叶片宽卵形，两面被短柔毛；圆锥花序顶生；花紫红色；荚果常具2个荚节。见于德清、安吉、长兴、吴兴。

尖叶长柄山蚂蝗

尖叶长柄山蚂蝗 *H. podocarpium* subsp. *oxyphyllum*，叶在茎上常散生；顶生小叶片长卵形、椭圆状菱形；总状花序顶生；花紫红色；荚果常具2个荚节。见于德清、安吉、长兴、吴兴。

161 庭藤

Indigofera decora Lindl.

形态特征｜落叶灌木。一回羽状复叶，小叶7~13枚，对生或下部偶互生；叶柄长1~1.5（~3）cm；叶轴无毛或疏生“丁”字形毛；小叶片变异大，通常卵状椭圆形或披针形，(2~7cm)×(1~3.5cm)，先端渐尖或急尖，稀圆钝，具小尖头，下面被白色平贴“丁”字形毛；托叶钻形。总状花序长13~21cm；花粉红色。荚果线状圆柱形，长3~7cm，近无毛。花期5—8月，果期7—10月。

分布与生境｜见于德清；生于沟谷溪边、林下及灌丛中。产于杭州、温州、湖州、衢州；分布于皖、闽、粤。

用　　途｜植株低矮，花色美丽，适作边坡断面覆绿树种；蜜源植物。

华东木蓝 *I. fortunei*，茎、叶轴及花序轴无毛；小叶片网脉明显，无毛或仅幼时在叶缘及下面疏生毛；花序长8~15cm。见于长兴、安吉、吴兴、余杭。

162 马棘 野绿豆

Indigofera pseudotinctoria Mats.

形态特征｜落叶灌木。茎多分枝，被平贴“丁”字形毛。奇数羽状复叶，互生，长3.5~5.5cm，小叶7~11枚；叶柄长1~1.5cm，被毛；托叶早落；小叶片倒卵状椭圆形、倒卵形或椭圆形，（1~2cm）×（0.5~1cm），先端圆或微凹，具小尖头，两面被平贴毛。总状花序；花淡红色或紫红色。荚果线状圆柱形，被毛。花期7—8月，果期9—11月。

分布与生境｜见于德清、安吉、长兴、吴兴；生于山坡林缘及灌丛中。产于湖州、杭州、宁波、金华、衢州、台州、温州；分布于华东、华中、西南及粤。

用　　途｜花色美丽，适应性强，适作地被及边坡美化植物；根或全株入药。

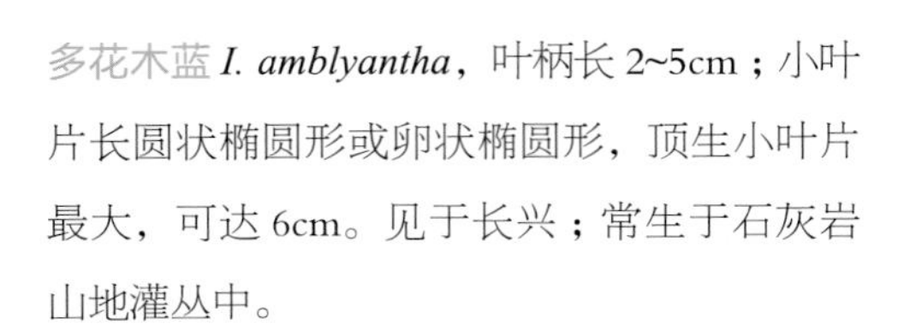

多花木蓝 *I. amblyantha*，叶柄长2~5cm；小叶片长圆状椭圆形或卵状椭圆形，顶生小叶片最大，可达6cm。见于长兴；常生于石灰岩山地灌丛中。

163 胡枝子

Lespedeza bicolor Turcz.

形态特征｜落叶灌木。小枝黄色或暗褐色，有棱。叶柄上面有纵沟槽，被白色短柔毛；托叶披针形或线状披针形；小叶片卵形、倒卵形或卵状长圆形；顶生小叶片（1.5~5cm）×（1~3cm），先端圆钝或微凹，具小尖头，基部圆形或宽楔形，上面无毛，下面被短柔毛。总状花序腋生，长于复叶，在枝顶常成圆锥花序；花序梗长 3~10cm，被短柔毛；花红紫色。荚果斜卵形或斜倒卵形，具网脉，被短柔毛。花期 7—9 月，果期 9—10 月。

分布与生境｜见于吴兴；生于山坡灌丛中或疏林下。产于全省各地；分布于华东、华中、西北、东北。

用　　途｜根或全株入药；可作绿肥及饲料。

164 截叶铁扫帚 铁扫帚

| *Lespedeza cuneata* G. Don

形态特征 | 亚灌木。枝具条棱，有短茸毛。复叶互生，小叶3枚；叶柄长4~10mm，被白色柔毛；托叶线形；小叶片条状楔形、楔形，先端截形或圆钝，微凹，具小尖头，基部楔形，正面几无毛，背面密被伏毛；顶生小叶片（1~3cm）×（2~5mm）。总状花序腋生，显著短于复叶，有花（1）2~4朵；花白色或淡黄色。花期6—9月，果期10—11月。

分布与生境 | 见于全区各地；生于山坡、路边、疏林下和灌草丛中。产于全省山区、半山区；分布于华东、中南、西南、华北及西北。

用　　途 | 枝叶细密，株形紧凑，形似扫帚，可栽培供观赏；嫩叶作饲料或绿肥；根或全株入药。

中华胡枝子 *L. chinensis*，小枝节间较长；叶柄长0.3~2.5cm；小叶片椭圆形或倒卵形，长约为宽的3倍，两面密被柔毛。见于德清、安吉、长兴、吴兴。

165 大叶胡枝子

Lespedeza davidii Franch.

形态特征｜落叶灌木。小枝粗壮，具明显条棱，密被柔毛；老枝具木栓翅。三出复叶，互生；叶柄长 1~3cm；托叶卵状披针形，长 5mm，密被短柔毛；小叶片宽椭圆形、宽倒卵形或近圆形，（3.5~11cm）×（2.5~7cm），先端钝圆或微凹，基部圆形或宽楔形，两面密被短柔毛，背面尤密。总状花序腋生，或在枝顶集成圆锥花序；花冠紫红色。荚果密被绢毛。花期 7—9 月，果期 9—11 月。

分布与生境｜见于德清、安吉、吴兴；生于向阳山坡疏林下、沟谷、溪边灌草丛中。产于省内东部、西部及西北部；分布于华东、华中、西南及粤。

用　　途｜枝叶茂密，紫红色花朵密集，可供观赏；花可食；根、叶或全株入药。

166 美丽胡枝子 | *Lespedeza formosa* (Vog.) Koehne

形态特征｜落叶灌木。小枝略具棱。三出复叶，互生；叶柄上面具沟槽，被短茸毛；顶生小叶片卵形、倒卵形或椭圆形，（1.5~6cm）×（1~4cm），先端圆钝，微凹缺，具小尖头，背面贴生短柔毛。总状花序腋生，或在枝顶集成圆锥花序；花序梗 1~5cm；每一苞腋具花 2 朵；花紫红色。荚果倒卵形或倒卵状长圆形，表面具网纹且被柔毛。花期 8—10 月，果期 10—11 月。

分布与生境｜见于德清、安吉、长兴、吴兴、余杭；生于向阳山坡、沟谷、路边灌丛中或林缘。产于全省山区、半山区；分布于华东、华中、西南。

用　　途｜花冠紫红色，密集而艳丽，枝叶茂密，是边坡美化的好材料；花可食；根皮、茎、叶入药。

绿叶胡枝子 *L. buergeri*，小叶片卵状椭圆形或卵状披针形，先端急尖或短渐尖；上面无毛，下面伏贴长粗毛；花淡黄绿色或绿白色；花期 4—6 月。见于德清、安吉、长兴、吴兴、余杭。

多花胡枝子 *L. floribunda*，小叶片倒卵形或倒长卵形，(0.5~2.5cm) × (0.5~2cm)；叶背密被白色贴伏毛；花序梗纤细而长；花梗短或几无。见于安吉、长兴。

拟绿叶胡枝子（宽叶胡枝子）*L. maximowiczii*，小叶片卵状椭圆形，先端锐尖，两面被伏贴短柔毛。见于德清、吴兴。

167 铁马鞭 | *Lespedeza pilosa* (Thunb.) Sieb. et Zucc.

形态特征 | 亚灌木，高达30cm。全体密被淡黄色或棕黄色长柔毛。茎细长，披散。叶柄长3~20mm；托叶钻形；顶生小叶片宽卵形或倒卵形，（1~2.5cm）×（0.5~2.5cm），先端钝圆、截形或微凹，有短尖，基部圆形或宽楔形，两面密被长柔毛；侧生小叶片明显较小。总状花序腋生，通常有3~5朵花；花黄白色或白色，呈簇生状。荚果宽卵形，凸镜状，顶端具喙，两面密被长柔毛。花期7—9月，果期9—10月。

分布与生境 | 见于德清、安吉、长兴、吴兴；生于向阳山坡、路边、田边灌草丛中或疏林下。产于全省各地；分布于华东、华中、华南、西南及陕、甘。

用　　途 | 植株常披散，铺地效果好，极耐旱，可供断面、边坡、荒地覆绿；纤维植物；种子供化工用；根及全草入药。

绒毛胡枝子（山豆花）*L. tomentosa*，植株直立，稀呈披散状。小叶片两面被开展柔毛；花序梗较粗壮，总状花序有花10朵以上；荚果密被毛。见于德清、安吉、长兴、吴兴。

细梗胡枝子 *L. virgata*，植株直立；小叶片仅下面被白色伏毛；花序梗纤细如丝状，总状花序有花4~6朵；荚果无毛或疏被毛。见于德清、安吉、长兴、吴兴。

168 网络崖豆藤 昆明鸡血藤 | *Millettia reticulata* Benth.

形态特征 | 常绿木质藤本。枝、叶无毛。奇数羽状复叶互生，小叶 5~9 枚；托叶钻形，基部距凸出明显；小叶片革质，叶面平整，卵状椭圆形、长椭圆形或卵形，(2.5~12cm) × (1.5~5.5cm)，先端尾尖，钝头，微凹，基部圆形，深绿色，背面网脉明显隆起。圆锥花序顶生，长达 15cm，下垂；花冠紫红色或玫瑰红色。荚果无毛。花期 6—8 月，果期 10—11 月。

分布与生境 | 见于全区各地；生于山坡、沟谷疏林下、林缘或灌丛中。产于全省山区、半山区；分布于华东、华南、中南及西南。

用　　途 | 枝叶浓密，紫红色花多而芬芳，适于园林垂直绿化；根、茎入药。

香花崖豆藤 *M. dielsiana*，小叶通常 5 枚，叶面常皱；花序密被黄褐色茸毛；荚果密被灰色茸毛。见于德清。

169 常春油麻藤 | *Mucuna sempervirens* Hemsl.

形态特征 | 常绿木质藤本。老茎粗，基部直径可达 30cm，茎枝有明显纵沟；枝、叶无毛。三出复叶互生；叶柄长 5.5~12cm；小叶片全缘；顶生小叶卵状椭圆形或椭圆状长圆形，长 7~13cm，先端渐尖或短渐尖，基部圆楔形；侧生小叶基部偏斜，正面深绿色，有光泽。总状花序生于老茎上；花紫红色或暗红色，长约 6.5cm。荚果木质，长达 60cm；种子间缢缩，被黄锈色毛。花期 4—5 月，果期 9—10 月。

分布与生境 | 见于长兴；生于稍蔽阴的山坡、沟谷溪边及林下岩石旁。产于全省山区、半山区；分布于华东、华中、西南。

用　　途 | 枝叶繁茂，四季翠绿，老茎生花，适供园林中垂直绿化；纤维植物；块根提取淀粉；根、茎皮、种子入药。

宁油麻藤 *M. lamellata*，落叶；茎常被稀疏短硬毛；顶生小叶片菱状卵形或长卵形；总状花序腋生；荚果长圆形或半圆形，扁平，果瓣厚纸质，具多条斜裂，被棕色刺毛。见于安吉、长兴、吴兴。

170 葛藤 野葛

Pueraria lobata (Willd.) Ohwi

形态特征｜落叶木质藤本。块根肥厚，圆柱形。茎密被棕褐色粗毛，节处着地生根。三出复叶；叶柄长 5.5~14cm；托叶卵形至披针形，盾状着生；小叶片全缘或 3 浅裂，上面疏被伏贴毛，下面毛较密并有霜粉，顶生小叶片菱状卵形，侧生小叶片斜卵形；小托叶针状。总状花序腋生，长 15~20cm，被褐色或银灰色毛；花紫红色。荚果条形，密被黄色长硬毛。花期 7—9 月，果期 9—10 月。

分布与生境｜见于全区各地；生于山坡荒地、疏林下，常攀援于树冠、岩石上。产于全省各地；分布于我国除新、藏以外的各地。

用　　途｜纤维植物；叶可作饲料；块根富含淀粉；根、花供药用；在一些沿海地区已成为有害生物，应用时需慎重。

171 短蕊槐 槐树

Sophora brachygyna C. Y. Ma

形态特征｜落叶乔木。树皮褐色；二年生枝灰绿色，具皮孔；柄下芽。一回羽状复叶互生，长达 20cm；小叶 9~13 枚，对生；托叶常镰状弯曲，早落；小叶片卵状披针形或卵状椭圆形，（2.5~6cm）×（1.5~2cm），先端渐尖或急尖，基部钝圆，稍偏斜，全缘，背面灰白色，中脉基部及小叶柄疏被柔毛。圆锥花序；花冠白色或淡黄色，翼瓣和龙骨瓣具紫色条纹。荚果缢缩部分较长，荚节排列稀疏。花期 8—9 月，果期 10—11 月。

分布与生境｜见于长兴；生于山麓、宅旁或路边空旷地。产于杭州、宁波、丽水；分布于华东及湘、桂。

用　　途｜树冠宽阔，枝叶浓密，白花满树，果形奇妙，挂果持久，可作园林观赏树种；材用；花、嫩叶可食；蜜源树种。

172 苦参 地槐

Sophora flavescens Ait.

形态特征 | 亚灌木。根圆柱形，外皮黄白色，有刺激性气味，味极苦。茎具不规则纵沟。奇数羽状复叶互生，长 20~35cm；小叶 11~35 枚，披针形或线状披针形，稀椭圆形，（3~4cm）×（1~2cm），先端渐尖，基部楔形，叶缘向下反卷，背面密生平伏柔毛。总状花序顶生；花黄白色。荚果革质，条形；种子间微缢缩，呈不明显串珠状。花期 5—7 月，果期 7—9 月。

分布与生境 | 见于长兴、吴兴、余杭；生于向阳山坡草丛、路边、溪沟边、疏林下。产于全省山区、半山区；分布于我国南北各地。

用　　途 | 花色清雅，植株飘逸，可于庭院栽培供观赏；根入药；纤维植物。

173 紫藤

Wisteria sinensis (Sims) Sweet

形态特征｜落叶木质藤本。幼枝伏生脱落性丝状毛。奇数羽状复叶互生；小叶 7~13 枚，卵状披针形或卵状长圆形，（4~11cm）×（2~5cm），先端渐尖或尾尖，基部圆形或宽楔形，中脉被毛；小叶柄密被短柔毛。总状花序生于去年生枝枝顶，长 15~30cm，下垂，花密集；花紫色或深紫色。荚果密被灰黄色茸毛。花期 4—5 月，果期 5—10 月。

分布与生境｜见于全区各地；生于向阳山坡、沟谷林中、林缘或灌丛中，常攀援于树冠上，广泛栽培。产于全省山区、半山区；分布于我国北自辽、蒙，南至粤、桂。

用　　途｜花早春开放，多而美丽、芬芳，为著名的观赏藤本；纤维植物；花可食用；花含芳香油；种子有防腐作用；花、茎皮、根、种子入药。

174 木半夏 判楂

Elaeagnus multiflora Thunb.

形态特征｜落叶灌木，通常无刺。枝密被锈褐色鳞片。叶片纸质，椭圆形或卵形，(3~7cm) × (1~4cm)，先端钝尖或急尖，基部锐尖或钝，全缘，上面幼时具银白色鳞片，成熟后脱落，下面银白色并被褐色鳞片，侧脉不明显；叶柄长 4~6mm。花白色，单生于新枝基部叶腋；花梗纤细。果实长倒卵形至椭圆形，长 1~2cm，熟时红色，密被锈色鳞片；果梗下垂，长 1.5~5cm。花期 4—5 月，果期 6—7 月。

分布与生境｜见于安吉、长兴；生于空旷地和山坡疏林中。产于全省山区，以西部、东部及南部较多；分布于华东、华中、西南及鲁、豫。

用　　途｜叶背银白，仿如雪片，果实红色而密集，可供园林观赏；果可鲜食或作果酱。

佘山胡颓子（佘山羊奶子）*E. argyi*，枝常具刺；叶大小不等，冬季有叶残存；叶片下面幼时有鳞片和白色星状柔毛；花淡黄色，5~7 朵簇生；果梗长约 1cm。见于安吉、长兴。

175 胡颓子 斑楂 | *Elaeagnus pungens* Thunb.

形态特征｜常绿直立灌木。枝具棘刺；幼枝被脱落性锈褐色鳞片。叶片革质，椭圆形或长圆形，(5~10cm) × (1.5~5cm)，先端锐尖或钝，基部钝或近圆形，全缘，常微反卷或皱波状，正面具脱落性银白色和褐色鳞片，背面银白色，散生褐色鳞片。花 1~3 朵腋生，银白色，密被鳞片。果实椭圆形，被锈色鳞片，熟时红色。花期 9—12 月，果期翌年 4—6 月。

分布与生境｜产于全区各地；生于山坡林中、向阳溪谷或林缘灌丛中。产于全省山区、半山区；分布于长江流域及其以南各地。

用　　途｜枝条交错，叶背银色，红果下垂，极为可爱，适于园林观赏或点缀石景，亦作绿篱或盆景；果可食；根、叶、果实或种子入药；纤维植物。

蔓胡颓子（藤胡颓子）*E. glabra*，蔓生或攀援灌木；枝常无刺；叶片先端渐尖，背面灰褐色、黄褐色或红褐色；花 3~7 朵腋生，淡白色，密被银白色和散生少数锈色鳞片。见于全区各地。

176 紫薇 怕痒树

| *Lagerstroemia indica* Linn.

形态特征 | 落叶灌木或小乔木。树皮片状剥落，树干光滑，多扭曲；小枝具四棱，略呈翅状。单叶对生、近对生或上部互生；叶片椭圆形、宽长圆形或倒卵形，(3~7cm) × (1.5~4cm)，先端短尖或钝圆，有时微凹，基部宽楔形或近圆形，侧脉 3~7 对；叶柄近无。圆锥花序顶生；花淡红色、淡紫色。蒴果椭圆状球形。花期 7—9 月，果期 9—11 月。

分布与生境 | 见于吴兴，生于疏林中。产于全省山区、半山区；分布于华东、华中、华南、西南、华北及吉。

用　　途 | 树干斑驳而光滑，花序大，花形独特，花期长，是优良的园林花灌木；树皮、茎、叶、花、根、根皮入药。

南紫薇 *L. subcostata*，小枝圆柱形或微四棱形；叶片长圆形或长圆状披针形，稀卵形，(4~9cm) × (1.5~5cm)，先端渐尖，基部宽楔形，侧脉 4~10 对，叶柄长 2~4mm；花小，白色。见于吴兴。

177 芫花

Daphne genkwa Sieb. et Zucc.

形态特征｜落叶灌木。小枝紫褐色；嫩枝、叶背面密被脱落性淡黄色绢状毛。单叶对生，偶互生；叶片纸质，椭圆形、长圆形至卵状披针形，（3~5.5cm）×（1~2cm），先端急尖，基部楔形，全缘；叶柄密被短柔毛。花先叶开放，3~7 朵簇生，淡紫色或淡紫红色。果白色。花期 3—4 月，果期 6—7 月。

分布与生境｜见于安吉、长兴；生于向阳山坡疏林下或灌丛中。产于杭州、绍兴、舟山、衢州、金华、台州；分布于苏、皖、赣、台、鄂、湘、川、鲁、豫、陕。

用　　途｜花密集，布满枝条，早春先叶开放，观赏效果极佳，可供庭院美化；花蕾、根、根皮入药，但全株有毒，需慎用；优良纤维植物。

178 毛瑞香 | *Daphne kiusiana* var. *atrocaulis* (Rehd.) F. Maekawa

形态特征 | 常绿灌木。枝、叶无毛；小枝紫褐色或黑紫色，皮层纤维极发达。叶常簇生于枝顶；叶片革质，椭圆形至倒披针形，（5~12cm）×（1.5~3.5cm），先端短尖至渐尖而钝头，基部楔形，全缘，微反卷，上面深绿色，有光泽；叶柄长约 4mm。花 5~13 朵簇生于枝顶，白色，外面被灰黄色丝状柔毛，芬芳。果卵形，红色。花期 3—4 月，果期 8—9 月。

分布与生境 | 见于德清、安吉、长兴；生于山坡、沟谷林下。产于杭州、温州、湖州、衢州、丽水、舟山等地；分布于华东、华中、华南。

用　　途 | 叶浓绿光亮，花洁白，密集顶生，芬芳，适作庭院观花植物；纤维植物；根、茎皮供药用。

179 北江荛花 山棉皮 | *Wikstroemia monnula* Hance

形态特征｜落叶灌木。幼枝被灰色柔毛；老枝紫褐色，无毛。叶对生，稀互生，膜质，卵状椭圆形至长椭圆形，（1~4.5cm）×（0.5~2.5cm），先端尖，基部圆形或宽楔形，下面淡绿色，有时带紫红色，疏被柔毛，中脉被毛较多；叶柄长 1~2mm。总状花序顶生而缩短成伞状，具 3~8 朵花；花序梗长 3~10mm，被灰色柔毛；花萼淡红色或紫红色，偶有白色，外面被绢状毛，裂片 4 枚。核果肉质卵形，白色。花期 4—6 月，果期 6—9 月。

分布与生境｜见于德清、安吉、余杭；生于向阳山坡灌丛中或疏林下。产于全省山区；分布于华东、华南及湘、黔。

用　　途｜茎皮纤维是造纸和作人造棉的主要原料；根供药用。

180 赤楠

Syzygium buxifolium Hook. et Arn.

形态特征｜常绿灌木或小乔木。枝、叶无毛；嫩枝有棱角。单叶对生；叶片革质，具透明油点，椭圆形或倒卵形，（1~3cm）×（1~2cm），先端圆钝，有时具钝尖头，基部宽楔形，侧脉不明显，在近叶缘处汇合成一边脉；叶柄长2~3mm。聚伞花序顶生；花白色。浆果球形，熟时由紫红色转紫黑色。花期6—8月，果期10—11月。

分布与生境｜见于德清、安吉、吴兴、余杭；生于山坡、沟谷林下或灌丛中。产于全省山区、半山区；分布于华东、华南及湘、贵。

用途｜枝叶紧凑，叶浓绿光亮，果实密集，紫色黑亮，适作园林观赏树种，供庭院观赏或作盆景；材用；果可食；叶、根或根皮入药。

181 毛八角枫 | *Alangium kurzii* Craib

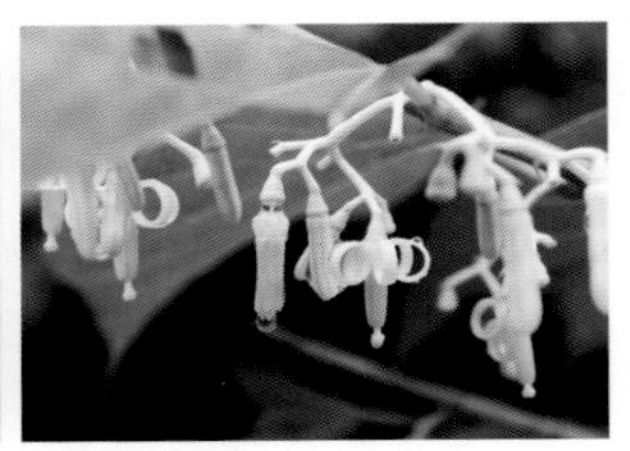

形态特征｜落叶小乔木。嫩枝、叶、花序被柔毛或短柔毛；小枝疏生灰白色圆形皮孔。叶片近圆形或宽卵形，（12~14cm）×（7~9cm），先端短渐尖，基部偏斜，心形或近于心形，通常不裂，脉腋有簇毛；叶柄长2.5~4cm，被黄褐色毛，稀无毛。聚伞花序有花5~7朵；花白色，花瓣长2~2.5cm。核果椭圆形或长圆形，长1~1.5cm，熟时深蓝色。花期5—6月，果期9月。

分布与生境｜见于全区各地；生于低海拔的疏林中。产于湖州、杭州、宁波、舟山、衢州、台州、丽水、温州；分布于苏、皖、赣、湘、贵及粤、桂。

用　　途｜花形独特，秋叶黄艳，可作园林观赏树种；根可入药。

云山八角枫

云山八角枫 *A. kurzii* var. *handelii*，叶片长圆状卵形或椭圆状卵形，较狭，下面有疏毛或仅沿脉有毛，叶柄较短；核果较小。见于德清、长兴、吴兴。

八角枫

八角枫 *A. chinense*，叶片不裂或3~7裂，裂片短锐尖或钝尖；聚伞花序有花7~30朵或更多，花瓣长1~1.5cm；核果近球形，熟时亮黑色。见于德清、安吉、长兴。

182 蓝果树 紫树

Nyssa sinensis Oliv.

形态特征｜落叶乔木。树皮深褐色，粗糙，薄片状剥落；幼枝有短柔毛，皮孔显著。叶片纸质或薄革质，椭圆形、长椭圆形或近卵状披针形，（6~15cm）×（4~8cm），先端急尖或短渐尖，基部近圆形或宽楔形，上面深绿色，入秋变紫色，无毛，下面亮灰色，沿叶脉疏生丝状长柔毛，有时脉腋有蹼状膜，全缘（萌芽枝上的叶先端常有粗齿）；叶柄长1.5~2cm。伞形或短总状花序。果实椭圆形，熟时蓝黑色。花期4—5月，果期7—10月。

分布与生境｜见于德清、吴兴；散生于沟谷、山坡阳光充足而较湿润的阔叶林中。产于杭州、宁波、温州、湖州、衢州、丽水；分布于华东、华中、华南、西南。

用　　途｜树干通直，冠大荫浓，入秋叶色转艳红紫色，优良秋色叶树种，适作风景区、公园、庭院美化观赏树种；材用树种；果可食。

183 灯台树 | *Bothrocaryum controversum* (Hemsl.) Pojark.

形态特征｜落叶乔木。树皮暗灰色；树冠伞形；小枝紫红色，后变淡绿色。叶集生于枝上半部；叶片宽卵形或椭圆状卵形，(5~13cm)×(4~9cm)，先端急尖，基部圆形，上面深绿色，下面灰绿色，疏生伏贴“丁”字形毛，侧脉6~9对；叶柄长1~5cm，带紫红色。伞房状聚伞花序顶生；花小，白色。果实球形，紫红色到蓝黑色。花期5月，果期8—9月。

分布与生境｜见于德清、吴兴；散生于沟谷溪旁、山地阳坡林中或林缘。产于全省除北部平原外各地；分布于华东、华南、西南、华北及辽。

用　　途｜伞形树冠，层次分明，姿态清雅，叶色浓绿，花白序大，果紫红色或蓝黑色，观赏期长，适作园林绿化树种；材用树种；树皮可提制栲胶；油料树种；叶供药用。

184 四照花 | *Dendrobenthamia japonica* var. *chinensis* (Osborn) Fang

形态特征 | 落叶小乔木。树皮不规则薄片状剥落，树干斑驳；小枝、叶片两面被灰白色“丁”字形细伏毛。叶片卵形或卵状椭圆形，（4~8cm）×（2~4cm），先端渐尖，基部圆形或宽楔形，下面粉绿色，脉腋簇生白色或黄色柔毛，侧脉 3~5 对，弧弯；叶柄长 5~10mm。头状花序球形，具 4 枚白色花瓣状总苞片；花瓣 4 枚，黄色；花序梗细长。果序球形，熟时橙红色或暗红色。花期 5 月，果期 8—9 月。

分布与生境 | 见于德清；生于山坡林中、沟谷或林缘。产于湖州、杭州、宁波、衢州、台州、丽水；分布于华东、华中、西南及甘。

用　　途 | 树形优美，初夏开花，4 枚大型白色总苞片夺目，秋叶暗红并衬以累累红果，十分诱人，是优良的观花、观果、秋色叶树种；材用树种；果可生食。

185 青荚叶 叶上珠

Helwingia japonica (Thunb.) Dietr.

形态特征｜落叶灌木。小枝绿色，无毛，髓白色；冬芽卵球形，叶痕半月形。叶集生于枝顶；叶片卵形至卵状椭圆形，(3~10cm) × (2~7cm)，先端渐尖，基部宽楔形或近圆形，边缘具腺质细锯齿或尖锐细锯齿，上面亮绿色，下面淡绿色；叶柄长 0.5~4cm；托叶线形，全裂或中部以上分裂，早落。花淡绿色；雄花 3~20 朵组成伞形花序，生于叶面中脉 1/3~1/2 处；雌花单生或 2~3 朵生于叶面中部。浆果卵圆形，熟时黑色。花期 5—6 月，果期 8—9 月。

分布与生境｜见于德清；生于沟谷溪边或山坡林下阴湿处。产于杭州、宁波、湖州、金华、衢州；分布于黄河流域及其以南各地。

用　　途｜枝叶清秀，果实着生方式奇特，可栽培供观赏；叶、果可供药用。

186 青皮木

Schoepfia jasminodora Sieb. et Zucc.

形态特征｜落叶小乔木。树皮灰白色；具长、短枝，皮孔显著；小枝基部膨大；一年生枝、正面叶脉近基部、叶柄均常带红色。单叶互生；叶片纸质或稍肉质，卵形至卵状披针形，（3.5~10cm）×（2~5cm），先端渐尖至近尾尖，基部圆形或近截形，全缘，黄绿色；叶柄长3~5mm，宽扁而略扭转。聚伞形总状花序下垂；花冠钟形，黄白色。核果椭圆形，熟时由绿转黄变红，最后变紫黑色。花期4—5月，果期5—7月。

分布与生境｜产于德清、安吉、长兴、吴兴；生于山坡、沟谷疏林、林缘或灌丛中。产于全省山区；分布于长江以南各地及甘、陕。

用　　途｜枝叶婆娑，果实色彩丰富，可供观赏；根、枝、叶可入药。

187 过山枫 | *Celastrus aculeatus* Merr.

形态特征 | 常绿或半常绿木质藤本。幼枝红棕色，皮孔圆形；髓实心，白色；冬芽圆锥形，最外2枚芽鳞片特化成三角形刺。叶片近革质，椭圆形或宽卵状椭圆形，（3~12cm）×（1.5~7.5cm），先端急尖，基部楔形或圆形，边缘具疏细锯齿，近基部全缘，侧脉4~5对，网脉不明显；叶柄长6~12mm。聚伞花序腋生或侧生，通常有3朵花；花单性异株，黄绿色。蒴果近球形；种子新月形至半环形，具橙红色假种皮。花期3—4月，果期9—10月。

分布与生境 | 见于德清、安吉、吴兴；生于山坡疏林或灌丛中。产于全省山区、半山区；分布于赣、闽、粤、桂、滇。

用　　途 | 秋季一簇簇黄果挂满藤条，甚是明艳，果实裂开后，露出红色假种皮，更是夺目，是很好的园林观赏藤本；根可入药。

窄叶南蛇藤 *C. oblanceifolius*，叶片倒披针形，侧脉6~10对。见于德清、安吉。

短梗南蛇藤 *C. rosthornianus*，冬芽卵形，长约3mm；小枝圆柱形，具棱状凸起；叶片狭椭圆形至倒卵状披针形，基部楔形，网脉不明显。见于长兴。

窄叶南蛇藤

短梗南蛇藤

188 苦皮藤 苦树皮

| *Celastrus angulatus* Maxim.

形态特征｜落叶木质藤本，有时灌木状。小枝密生皮孔，髓心片状，白色。叶互生；叶片宽卵形、椭圆状长圆形至圆形，（8~14cm）×（7~12cm），先端急尖，基部圆形或近心形，边缘具不规则钝锯齿，下面脉上具短柔毛；叶柄长 1~3cm。聚伞花序组成圆锥状，顶生；花绿白色或黄绿色。蒴果近球形，黄色；果序长达 20cm；种子椭圆形，具红色假种皮。花期 5—6 月，果期 10—11 月。

分布与生境｜见于长兴；多生于石灰岩山地灌丛中。产于杭州；分布于华东、华中、华南、西南、西北。

用　　途｜果序大，果实开裂后露出鲜红色种子，极为醒目，适作庭院、墙垣、岩面美化植物；种子含油脂；茎与根皮可制杀虫剂及灭菌剂。

189 大芽南蛇藤　哥兰叶　霜红藤　| *Celastrus gemmatus* Loes.

形态特征｜落叶木质藤本。小枝具棱，散生白色近圆形皮孔；冬芽卵状圆锥形，长4~12mm。叶片椭圆形、卵状椭圆形，（5~15cm）×（2~8cm），先端渐尖至急尖，基部近圆形至平截，具细锯齿，侧脉5~7对，网脉明显，下面苍白色，脉上具柔毛；叶柄长1~2cm。花单性异株；聚伞花序排成圆锥状。蒴果近球形，黄色；种子具红色假种皮。花期5—6月，果期9—10月。

分布与生境｜见于德清、安吉、长兴、吴兴；生于山坡灌丛或林缘。产于全省山区、半山区；分布于秦岭以南各地。

用　　途｜叶形美观，果实红黄相映，娇艳悦目，经冬不凋，适作庭院美化植物；纤维植物；种子富含油脂；根、茎、叶入药。

刺苞南蛇藤

南蛇藤

毛脉显柱南蛇藤

刺苞南蛇藤 *C. flagellaris*，小枝基部最外 1 对芽鳞特化成钩状刺，刺长 1.5~2.5mm，向下弯曲。见于长兴。

南蛇藤 *C. orbiculatus*，冬芽细小，卵圆形，长 1~3mm；叶片倒卵形至近圆形，先端急尖，边缘具粗锯齿；叶柄长约 1cm。见于安吉、长兴、吴兴。

毛脉显柱南蛇藤 *C. stylosus* var. *puberulus*，冬芽卵球形，长约 2mm；叶片宽椭圆形至长椭圆形，边缘疏生钝锯齿，下面脉上被短柔毛。见于吴兴、余杭。

190 卫矛 鬼箭羽

Euonymus alatus (Thunb.) Sieb.

形态特征｜落叶灌木。全体无毛。小枝绿色，具4条棱，常具4条列宽达1.5cm的棕褐色木栓翅。单叶对生；叶片纸质，倒卵形、椭圆形或菱状倒卵形，（1.5~7cm）×（0.5~3.5cm），先端急尖，基部楔形至近圆形，边缘具细锯齿，侧脉6~8对，网脉明显；叶柄长1~2mm。聚伞花序腋生，有花3~5朵；花冠淡黄色。蒴果棕褐色；种子具红色假种皮。花期4—6月，果期9—10月。

分布与生境｜见于德清、安吉、长兴、吴兴；生于沟谷、山坡林中、林缘及灌丛中。产于全省山区、半山区；分布于长江中下游及冀、辽、吉。

用　　途｜木栓翅独特，叶秀果红，株型中等，是很好的园林观赏灌木，可制盆景；木栓翅入药。

191 肉花卫矛

Euonymus carnosus Hemsl.

形态特征｜半常绿乔木或灌木。树皮灰黑色；小枝圆柱形，绿色。单叶对生；叶片近革质，秋冬季常变暗紫红色，长圆状椭圆形或长圆状倒卵形，（4~17cm）×（2.5~9cm），先端急尖，基部宽楔形，边缘具细锯齿，侧脉 12~15 对；叶柄长约 1cm。聚伞花序，花淡黄色，直径约 1.5cm。蒴果近球形，果皮厚实，具 4 条钝棱或不明显，淡红色或红色；种子具红色假种皮。花期 5—6 月，果期 8—10 月。

分布与生境｜见于德清、安吉、长兴、吴兴；生于山谷溪边、山坡林中、林缘石旁。产于湖州、杭州、宁波、舟山、衢州、台州、丽水、金华；分布于华东及台、鄂、豫。

用　　途｜叶浓绿光亮，秋冬转为绯红至暗红，肉红色下垂的果穗娇艳悦目，可作绿化观赏树种；材用树种；根、树皮入药。

西南卫矛 *Eu. hamiltonianus*，小枝具棱槽，稍呈方形；叶片背面脉上具乳凸状短毛；叶柄长 0.5~2cm。见于德清、安吉、长兴、吴兴。

192 扶芳藤 | *Euonymus fortunei* (Turcz.) Hand.-Mazz.

形 态 特 征 | 常绿攀援或匍匐灌木。茎具气生根；小枝圆柱形，绿色，密布瘤状皮孔。单叶对生；叶片革质，宽椭圆形至长圆状倒卵形，(5~8.5cm)×(1.5~4cm)，先端短锐尖或短渐尖，基部宽楔形或近圆形，边缘具钝锯齿，侧脉5~6对，网脉不明显；叶柄长0.5~1.5cm。聚伞花序具多数花，密集；花黄绿色。蒴果近球形，红色；种子有橙红色假种皮。花期6—7月，果期10月。

分布与生境 | 见于德清、安吉、长兴、吴兴；生于山坡、沟谷石壁上或树干上。产于全省各地；分布于华东、华中、西南等地。

用　　途 | 叶色浓绿，枝叶紧凑，生长旺盛，是园林中常见的地被植物；茎、叶入药。

胶东卫矛 *Eu. kiautschovicus*，叶片薄革质，长圆形、宽倒卵形或椭圆形，边缘锯齿细密而锐尖；花排列疏散；蒴果淡红色。见于德清、安吉、长兴。

193 丝绵木 白杜

Euonymus maackii Rupr.

形 态 特 征 | 落叶乔木。树皮细纵裂；全体无毛；小枝近圆柱形，灰绿色。单叶对生；叶片纸质，卵圆形至长圆形，（2.5~11cm）×（2~6cm），先端长渐尖，基部宽楔形或近圆形，边缘具尖锐细锯齿；叶柄较细，长 2~2.5cm。聚伞花序侧生于新枝上，花黄绿色。蒴果倒圆锥形，4 浅裂，淡黄色或粉红色；种子有橙红色假种皮。花期 5—6 月，果期 8—10 月。

分布与生境 | 见于全区各地；生于沟谷、山坡林中、林缘。产于湖州、嘉兴、杭州、宁波、舟山、衢州、金华、台州；分布于长江流域经华北至辽。

用　　途 | 树冠卵圆形，枝叶秀丽，粉红色蒴果悬挂枝头，持久而美观，开裂后露出橘红色假种皮，抗性亦较强，是很好的园林观赏树种；可供材用；树皮、根可入药。

矩圆叶卫矛 *E. oblongifolius*，常绿乔木；小枝近方形；叶片通常椭圆形至长倒卵形；叶柄短，长约 8mm。见于安吉。

194 雷公藤 断肠草 | *Tripterygium wilfordii* Hook. f.

形态特征 | 落叶蔓生灌木。小枝红褐色，具 4~6 条棱，密被锈色短毛，皮孔瘤状凸起。单叶互生；叶片纸质，宽椭圆形、宽卵形或卵状椭圆形，（4~10cm）×（3~5cm），先端短尖或渐尖，基部圆形或宽楔形，边缘具细锯齿，侧脉通常 5 对，网脉明显，背面脉上疏生短柔毛；叶柄长 0.5~1cm。圆锥状聚伞花序长 5~7cm；花淡绿色。翅果长圆形，具 3 枚翅。花期 5—6 月，果期 9—10 月。

分布与生境 | 见于吴兴；生于山坡疏林中或林缘灌丛中。产于湖州、杭州、宁波、衢州、台州、丽水、金华、温州；分布于长江流域各地。

用　　途 | 全株可入药，剧毒；根皮可作生物农药。

195 冬青

Ilex chinensis Sims

形态特征｜常绿乔木。树皮暗灰色，平滑不裂；小枝浅绿色；枝、叶无毛。叶片薄革质，长椭圆形至披针形，稀卵形，（5~14cm）×（2~5.5cm），先端渐尖，基部宽楔形，边缘具钝齿或细锯齿，正面亮绿色，中脉扁平，网脉明显，侧脉 8~9 对；叶柄长 0.5~1.5cm。复聚伞花序单生于叶腋；花淡紫色或紫红色。果近球形或椭圆形，熟时红色。花期 4—6 月，果期 11—12 月。

分布与生境｜见于德清、安吉、长兴、吴兴；散生于低山丘陵林中、林缘。产于全省山区、半山区；分布于华东、华中、华南、西南等地。

用　　途｜树冠宽阔，叶色浓绿，四季常青，秋果红艳夺目，经冬不凋，是很好的庭院观果树种；材用树种；树皮、叶、果实入药。

短梗冬青

具柄冬青

铁冬青

短梗冬青 *I. buergeri*，小枝密被短柔毛；叶片中脉在叶面凹陷，网脉不明显；叶柄长4~8mm，被短柔毛；花黄白色。见于德清。

具柄冬青 *I. pedunculosa*，小枝粗壮；叶片卵形至椭圆形，全缘或近顶端常具不明显的疏锯齿；叶柄长1.5~2.5cm；花白色或黄白色；果常单生，具长梗。见于德清。

铁冬青 *I. rotunda*，小枝连同叶柄常红紫色；叶片宽椭圆形至卵形，边缘全缘（萌芽枝之叶有不规则细锯齿）；花黄白色。见于全区各地。

196 枸骨 鸟不宿 八角刺

| *Ilex cornuta* Lindl. et Paxt.

形态特征｜常绿小乔木，常呈灌木状。树皮灰白色，不裂；枝、叶无毛。叶片厚革质，四方状长圆形，边缘波状，每边具坚挺针刺1~3枚，先端尖刺状急尖或短渐尖，基部圆形至截形，或长圆形、倒卵状长圆形而全缘且先端仍有刺1枚，(4~8cm)×(2~4cm)，侧脉5~6对；叶柄长2~8mm。花序簇生于叶腋；花黄色。果球形，红色。花期4—5月，果期9月。

分布与生境｜见于全区各地；生于溪沟边、林缘、疏林下、灌丛中。产于全省各地；分布于长江中下游各地。

用　　途｜叶形奇特，枝叶浓绿，秋果红艳，经冬不凋，是常见的园林绿化树种，可制盆景或作绿篱；树皮、枝、叶、果实入药。

197 大叶冬青 大叶苦丁茶 | *Ilex latifolia* Thunb.

形态特征 | 常绿乔木。树皮灰色，不裂；枝、叶无毛；小枝粗壮，黄褐色，有纵棱。叶片厚革质，长圆形至卵状长圆形，［8~28cm］×［4.5~7.5（~9）cm］，先端短渐尖或钝，基部宽楔形或圆形，边缘具疏钝齿，上面亮绿色，中脉下凹，侧脉 8~9 对；叶柄粗短而扁压，有皱纹，长 1.5~2.5cm。果实球形，熟时红色。花期 4—5 月，果期 6—11 月。

分布与生境 | 见于德清、吴兴；生于沟谷、山坡林中、悬崖石隙中，也常栽培。产于全省山区、半山区；分布于长江流域及其以南各地。

用　　途 | 叶大亮绿，秋果红艳，经冬不凋，适作庭院观赏树种；叶、果供药用；叶可制苦丁茶。

198 大果冬青

Ilex macrocarpa Oliv.

形态特征｜落叶乔木，高可达 15m。树皮灰褐色；有长枝和短枝，小枝具明显皮孔。叶片纸质，在长枝上互生，在短枝上呈簇生状，卵形至卵状长圆形，（5~15cm）×（3~7cm），先端渐尖，基部圆形或宽楔形，边缘具锯齿，中脉被短柔毛；叶柄长 5~15mm。雄花序簇生于长枝和短枝的叶腋内；雌花单生于叶腋。果球形，熟时黑紫色，直径 1~2cm。花期 4—6 月，果期 6—9 月。

分布与生境｜见于德清、安吉、长兴、吴兴；生于山坡林中或溪边。产于杭州等地；分布于华东、中南和西南。

用　　途｜树干通直，冠形饱满，适作园林观赏树种；根可供药用。

199 黄杨 瓜子黄杨 | *Buxus sinica* (Rehd. et Wils.) Cheng ex M. Cheng

形态特征 | 常绿灌木，偶小乔木状。小枝黄绿色，四棱形，密被开展短柔毛。叶片革质，宽椭圆形、卵状椭圆形、宽倒卵形或长圆形，（1.5~3.5cm）×（0.5~2cm），先端圆钝且常微凹，基部宽楔形至近圆形，上面中脉隆起，下面中脉平坦，密被短线状白色钟乳体；叶柄长约 1mm。头状花序腋生；花黄色，密集。蒴果近球形，具宿存花柱。花期 3 月，果期 5—6 月。

分布与生境 | 见于安吉、长兴、吴兴；生于沟谷溪边、山坡林中、林下及灌丛中。产于全省山区、半山区；分布于华东、华中、华南、西南等地。

用　　途 | 树姿优美，枝叶繁茂，四季常青，耐修剪，是很好的绿篱树种，亦可制盆景；特种工艺材用树种；全株供药用。

200 一叶萩 叶底珠

Flueggea suffruticosa（Pall.）Baill.

形态特征｜落叶灌木。全株无毛；小枝浅绿色，具棱。单叶互生，在小枝上排成2列；叶片椭圆形或倒卵状椭圆形，(3~6cm）×（1.5~2.5cm)，先端钝圆或急尖，基部楔形，全缘，正面绿色，背面粉绿色；叶柄长3~7mm。雌雄异株。蒴果三棱状扁球形，熟时黄绿色，开裂，直径3~5mm。花期6—7月，果期8—10月。

分布与生境｜见于安吉、长兴；生于沟谷、山麓灌丛中。产于全省山区、半山区；分布于华东、华中、西北、西南。

用　　途｜耐干旱瘠薄，可供荒坡造林；嫩枝、叶及根可入药。

201 算盘子 馒头果 | *Glochidion puberum* (Linn.) Hutch.

形态特征｜落叶灌木或小乔木。小枝被锈色或黄褐色短柔毛。单叶互生，排成 2 列；叶片长圆形或长圆状披针形，（3~8cm）×（1.5~2.5cm），先端短尖或钝，基部宽楔形，全缘，正面散生短柔毛或近无毛，背面毛较密；叶柄长 1~3mm。花小，数朵簇生于叶腋。蒴果扁球形，南瓜状，直径 1~1.5cm，熟时带红色；种子红色。花期 5—6 月，果期 6—10 月。

分布与生境｜见于全区各地；生于山坡、沟谷林下、林缘、路边及灌丛中。产于全省山区、半山区；分布于长江流域及其以南各地。

用　　途｜果实整齐挂于枝头，别致可爱，秋叶橘红色，可作观赏树种；材用树种；种子富含油脂；茎、叶、根、果可入药；全株可作生物农药。

湖北算盘子 *G. wilsonii*，除叶柄外，全株无毛；叶片背面粉绿色。见于余杭。

202 白背叶 白背叶野桐

Mallotus apelta (Lour.) Müll.-Arg.

形态特征｜落叶灌木或小乔木。小枝、叶柄、花序均密被白色或淡黄色星状柔毛，并散生橙红色腺体。单叶互生；叶片宽卵形，不分裂或 3 浅裂，（5~10cm）×（3~9cm），先端渐尖，基部圆形或宽楔形，边缘有稀疏锯齿，背面灰白色，密被星状毛，叶脉三出，基部有 2 枚腺体；叶柄长 5~15cm；托叶钻形。穗状花序顶生。蒴果近球形，密生软刺及星状毛。花期 5—6 月，果期 8—10 月。

分布与生境｜见于全区各地；生于山坡林中或灌丛中。产于全省山区、半山区；分布于长江流域及其以南各地。

用　　途｜叶色素雅，秋叶转黄，果实开裂，露出亮黑种子，使得果序别具特色，适应性强，可供山地造林；种子供化工用；根、叶入药。

野桐（黄背野桐）*M. subjaponicus*，枝、叶柄和花序轴均密被褐色星状毛；叶片背面被褐色星状毛和黄色腺点。见于德清、安吉、长兴、余杭。

203 石岩枫 卵叶石岩枫

Mallotus repandus var. *scabrifolius* (A. Juss.) Müll.-Arg.

形态特征｜落叶木质藤本、灌木或小乔木状。侧枝常呈棘刺状。幼枝、花序密被星状毛或茸毛。叶片长卵形或菱状卵形，（5~10cm）×（2.5~5cm），先端渐尖，基部近圆形、平截或微心形，全缘或波状，背面散生黄色腺点，基脉三出；叶柄长2~3cm。花单性异株；雌花为总状花序，常不分枝；雄花为圆锥花序。蒴果球形，被锈色星状毛及黄色腺点。花期5—6月，果期6—9月。

分布与生境｜见于全区各地；生于沟谷溪边、林缘乱石中，或陡坡、冈地石隙灌丛中，常覆盖于岩石上。产于全省山区、半山区；分布于秦岭以南各地。

用　　途｜枝叶浓密，黄色果序点缀，别具风格，可供观赏；纤维植物；树皮可提取栲胶；种子富含油脂；根、茎、叶入药。

204 落萼叶下珠 | *Phyllanthus flexuosus* (Sieb. et Zucc.) Muell.-Arg.

形态特征｜落叶灌木。枝、叶无毛，小枝细柔，无顶芽。叶片 2 列互生，酷似羽状复叶；叶片椭圆形至宽卵形,（2~5cm）×（1.5~3cm），薄纸质，先端有小尖头，基部圆形或楔形，上面绿色，下面灰白色；叶柄长 2~3mm。雌雄同株或异株,雌花的萼片果时脱落。浆果球形，紫黑色，直径约 6cm。花期 5—6 月，果期 7—10 月。

分布与生境｜见于德清、长兴、余杭；生于山地丘陵的山坡、沟谷疏林下、林缘、灌丛中。产于全省各地；分布于皖、赣、鄂、湘、粤、桂、川、黔、滇、藏。

用　　途｜枝叶扶疏，姿态优美，适作园林林缘、疏林林下之地被或点缀石景植物；根供药用。

青灰叶下珠 *Ph. glauca*，雌雄同株；果萼宿存。见于德清、安吉、长兴、吴兴。

205 乌桕

Sapium sebiferum (Linn.) Roxb.

形态特征｜落叶乔木。有乳汁。树皮暗灰色，有深纵裂纹。单叶互生；叶片菱形或菱状卵形，长与宽近相等，长 3~7cm，先端渐尖或短尾尖，基部宽楔形，全缘，无毛；叶柄长 2.5~6cm，顶端有腺体。花单性，雌雄同株；总状花序顶生，花黄色。蒴果木质，梨状球形；种子外被白色蜡质假种皮。花期 5—6 月，果期 8—10 月。

分布与生境｜见于全区各地；生于山坡、沟谷林中、林缘、湿地、平原四旁。产于全省各地，常见栽培；分布于长江流域及其以南各地。

用　　途｜嫩叶猩红，秋叶红色、橙红色或黄色，色彩艳丽，冬季白色种子常挂枝头，观赏性强，可供山区生态林营造或园林绿化；优良材用和油料树种；叶可饲桕蚕；根皮、树皮、叶可入药。

206 油桐　三年桐

| *Vernicia fordii* (Hemsl.) Airy.-Shaw

形态特征｜落叶乔木。有乳汁。单叶互生；叶片卵形或宽卵形，（10~20cm）×（4~15cm），先端尖或渐尖，基部截形或心形，全缘或三浅裂，基脉三出，两面被脱落性黄褐色短柔毛；叶柄长达 12cm，顶端有 2 枚紫红色扁平腺体。圆锥状聚伞花序顶生；花瓣白色，有淡红色条纹，近基部具黄色斑点。核果球形，表面光滑，顶端具喙尖。花期 4—5 月，果期 7—10 月。

分布与生境｜见于全区各地；生于山坡、沟谷的林中、林缘。产于全省各地，广泛栽培；分布于长江流域各地。

用　　途｜叶大花美，秋叶黄色，阳性速生树种，适应性强，可作园林观赏树种；木本油料树种；根、茎、叶、花、果可入药。

207 牯岭勾儿茶 小叶勾儿茶 | *Berchemia kulingensis* Schneid.

形态特征 | 落叶藤状灌木。全体无毛。枝条黄绿色，质脆；髓海绵质，白色。单叶互生；叶片卵状椭圆形或卵状长圆形，（2~6cm）×（1.5~3.5cm），先端钝圆或尖，具小尖头，基部圆形或近心形，侧脉 7~9 对，密而整齐；叶柄长 0.5~1cm；托叶 2 枚，基部合生，宿存。聚伞总状花序不分枝，疏散。核果长圆柱形，红色，熟时黑紫色。花期 6—7 月，果期翌年 4—6 月。

分布与生境 | 见于德清、安吉、长兴、吴兴；生于山坡、沟谷林中或林缘，常攀援于灌丛或岩石上。产于全省山区、半山区；分布于长江流域及其以南各地。

用　　途 | 叶形雅致，果实红黑相间，可供观赏，适供庭院石景边美化；根入药。

多花勾儿茶

脱毛大叶勾儿茶

多花勾儿茶 *B. floribunda*，叶片较大，长可达 11cm，背面沿脉基部疏被柔毛，侧脉 9~14 对；叶柄长 1~5cm；上部叶片较小，叶柄也较短；聚伞状圆锥花序具宽大分枝。见于德清、长兴、吴兴、余杭。

脱毛大叶勾儿茶 *B. huana* var. *glabrescens*，叶片较大，长 6~10cm，侧脉 10~14 对，背面仅沿脉或侧脉下部被疏短柔毛，叶柄长 1.5~2.5cm；聚伞状圆锥花序具分枝；花序轴密被短柔毛。见于安吉、长兴。

208 光叶毛果枳椇

Hovenia trichocarpa var. *robusta* (Nakai et Y. Kimura) Y. L. Chen et P. K. Chou

形态特征｜落叶乔木。一年生枝密生锈色皮孔，冬芽无毛。花序、萼片和果实均密被锈色茸毛。叶片卵形或宽椭圆状卵形，（10~18cm）×（7~15cm），先端渐尖或长渐尖，基部圆形或微心形，三出脉的基部常外露，边缘具圆钝锯齿，两面无毛或叶背沿脉疏被短柔毛；叶柄长 2~4.5cm。二歧聚伞花序，顶生或腋生，花黄绿色。核果近球形，果时花序轴膨大扭曲，呈肉质。花期 5—6 月，果期 8—10 月。

分布与生境｜见于德清；生于山坡、沟谷林中、林缘。产于全省山区；分布于华东、粤、桂、湘、黔。

用　　途｜树态优美，叶大荫浓，适供庭院、公园栽培观赏；材用树种；果序枝可生食、酿酒；果实、种子、根皮供药用。

209 铜钱树

| *Paliurus hemsleyanus* Rehd.

形态特征 | 落叶乔木。小枝紫褐色，无毛。叶片纸质，宽椭圆形、卵状椭圆形或近圆形，（4~12cm）×（3~9cm），先端渐尖或短渐尖，基部偏斜，宽楔形或近圆形，边缘具圆锯齿或钝细锯齿，基出三脉；叶柄长 0.5~2cm，幼树叶柄基部有 2 枚斜向直立的托叶刺。聚伞花序或聚伞状圆锥花序，顶生或腋生；花黄色，花盘五边形。核果草帽状，周围具木栓质宽翅，幼时绿色，后变红褐色或紫红色，直径 2~4cm。花期 4—6 月，果期 7—9 月。

分布与生境 | 见于德清、安吉、长兴、吴兴；生于石灰岩山地山坡次生林中。产于杭州、湖州、衢州等地；分布于华东、华中、华南、西南及西北。

用　　途 | 果形奇特，类似铜钱，适作园林绿化观赏或石灰岩区造林先锋树种。

210 猫乳 鼠矢枣

| *Rhamnella franguloides* (Maxim.) Weberb.

形态特征｜落叶灌木或小乔木。叶常两两互生；叶片倒卵状椭圆形或长椭圆形，(4~12cm) × (2~5cm)，先端尾状渐尖至短突尖，基部圆形或楔形，边缘具细锯齿，正面无毛，背面全部或仅脉上被柔毛，侧脉5~11对；叶柄长2~6mm，密被柔毛；托叶宿存。聚伞花序腋生，几无花序梗。核果圆柱形，熟时由黄色转橙红色、红色，直至紫黑色。花期5—7月，果期7—10月。

分布与生境｜见于全区各地；生于低海拔的山坡、沟谷疏林下、林缘或灌丛中。产于湖州、杭州、宁波、舟山、衢州、台州等地；分布于华东、华中及冀、晋、陕。

用　　途｜枝叶扶疏，果色鲜艳多变，适作园林观果树种；根可入药。

211 长叶冻绿 长叶鼠李 | *Rhamnus crenata* Sieb. et Zucc.

形态特征｜落叶灌木。小枝受光面带红色，顶芽密被锈色柔毛。单叶互生，螺旋状排列；叶片倒卵状椭圆形、椭圆形或倒卵形，（4~14cm）×（2~5cm），先端渐尖、短突尖，基部楔形，边缘具圆细锯齿，背面被柔毛，侧脉 7~12 对；叶柄长 4~10mm，密被柔毛；托叶早落。聚伞花序腋生，花梗长 4~15mm。核果球形，熟时紫黑色。花期 5—8 月，果期 8—10 月。

分布与生境｜见于全区各地；生于山坡、沟谷疏林下、林缘或灌丛中。产于全省山区、半山区；分布于秦岭与淮河以南各地。

用　　途｜枝叶繁密，果实色彩丰富，适应性强，可供边坡、断面覆绿美化；根、皮可入药；根、果实含黄色染料。

冻绿 *R. utilis*，枝端常具针刺；无顶芽；单叶对生或近对生，短枝上簇生；叶片先端突尖或锐尖，背面沿脉或脉腋有金黄色柔毛，侧脉 5~8 对。见于德清、安吉、长兴。

212 圆叶鼠李 山绿柴

Rhamnus globosa Bunge

形态特征｜落叶灌木。具枝刺；小枝对生或近对生，当年生小枝被短柔毛。叶片近圆形、倒卵状圆形或卵圆形，（2~6cm）×（1~4cm），先端突尖或短渐尖，基部宽楔形至近圆形，边缘具圆锯齿，背面密被柔毛，侧脉 3~4 对；叶柄长 6~10mm，密被毛；托叶宿存。花簇生。核果球形，熟时黑色。花期 4—5 月，果期 6—10 月。

分布与生境｜见于德清、安吉、长兴、吴兴；生于沟谷、山坡林中、林缘、灌丛中及平地。产于全省山区、半山区；分布于华东、华中、西北及辽。

用　　途｜枝叶细密，秋叶转色，可制作盆景或点缀山石；茎皮、根、果可作绿色染料；果实入药。

213 雀梅藤 雀梅

Sageretia thea (Osbeck) Johnst.

形态特征｜常绿藤状灌木。枝顶常呈刺状；当年生小枝具棱，连同叶柄密被褐色短柔毛。单叶对生或互生；叶片薄革质，椭圆形或卵状椭圆形，（1~4cm）×（0.5~2.5cm），先端急尖、钝尖或圆，中脉常伸出，基部圆形或近心形，边缘有细密锯齿，侧脉 4~5 对，在正面不明显下陷；叶柄长 2~7mm。圆锥状穗状花序；花黄色。核果圆形，紫红色转紫黑色。花期 7—11 月，果期翌年 3—5 月。

分布与生境｜见于全区各地；生于山坡、沟谷、山麓灌丛中或岩石旁。产于全省各地；分布于华东、华南、西南及鄂。

用　　途｜枝、叶斜展伸出，疏密有致，飘逸豪放，是很好的盆景材料，亦可作绿篱；果可生食，嫩叶代茶；全株入药。

毛叶雀梅藤

刺藤子

毛叶雀梅藤 *S. thea* var. *tomentosa*，小枝、叶片下面密被茸毛，后渐脱落。见于长兴；石灰岩丘陵灌丛中常见。

刺藤子 *S. melliana*，小枝圆柱状，具直刺；叶片卵状椭圆形或长圆形，（4~10cm）×（2~3.5cm），侧脉每边 5~7 对，上面明显下陷。见于德清、吴兴、余杭。

214 广东蛇葡萄 过山龙 | *Ampelopsis cantoniensis* (Hook. et Arn.) Planch.

形态特征｜落叶或半常绿木质藤本。小枝、叶柄、花序轴被灰色短柔毛；枝具条纹和皮孔。一回羽状复叶或二回羽状复叶（最下面的1对小叶为三出羽状复叶）；小叶3~10枚，近革质，卵形或卵状长圆形，先端短尖或渐尖，边缘具稀疏而不明显的钝齿，正面有光泽。二歧聚伞花序；花淡绿色。浆果球形，由红色转深紫色或紫黑色。花期6—8月，果期9—11月。

分布与生境｜见于安吉、长兴、吴兴；生于山坡、沟谷林缘或疏林中，常攀援于岩石、灌丛或树上。产于全省山区、半山区；分布于长江流域及其以南各地。

用　　途｜枝繁叶茂，嫩叶红色，秋叶鲜红色或紫红色，果实色彩丰富，是很好的观赏藤本植物，适应性亦强，可供边坡、断面、乱石堆覆绿；全株入药。

215 异叶蛇葡萄 | *Ampelopsis glandulosa* var. *heterophylla* (Thunb.) Momiy.

形态特征 | 落叶木质藤本。枝褐色，髓心白色，具分叉卷须。叶片心形或卵形，长、宽 7~15cm，3~5 中裂或深裂，缺裂宽阔，裂口凹圆，中间 2 缺裂较深，下方两侧缺裂较浅，常混有不裂叶，上面鲜绿色，有光泽，无毛，下面淡绿色，脉上稍有毛。聚伞花序分枝疏散；花梗长 1~1.5mm。浆果球形，熟时淡黄色或淡蓝色，具疣点。花期 5—6 月，果期 8—9 月。

分布与生境 | 见于德清、安吉、吴兴；生于山坡、沟谷林中、林缘，常攀援于树冠、岩石或灌丛上。产于全省山区、半山区；分布于华东、华中及台、粤、桂、辽。

用　　途 | 叶形奇特，可作边坡、断面、乱石堆等困难地及石景美化植物；根皮入药。

蛇葡萄

牯岭蛇葡萄

蛇葡萄 *A. glandulosa*，叶片心形或卵形，不分裂或不明显 3 浅裂，裂片先端钝，边缘有浅圆齿。见于安吉、长兴、吴兴。

牯岭蛇葡萄 *A. glandulosa* var. *kulingensis*，叶片肾状或心状五角形，3 浅裂，裂片先端常尾状渐尖；叶缘有扁三角形牙齿。见于德清、安吉、长兴。

216 白蔹 五爪藤

Ampelopsis japonica (Thunb.) Makino

形态特征｜落叶藤本，基部木质化。块根肉质，纺锤形或圆柱形。幼枝淡紫色，无毛，具细条纹。掌状复叶，(4~10cm)×(7~12cm)；小叶3~5枚，羽状分裂或缺刻，中间小叶通常羽状分裂，叶轴和小叶柄有翅，裂片与叶轴连接处有关节，裂片卵形至椭圆状卵形或卵状披针形，两面无毛，先端渐尖，基部楔形；叶柄长3~5cm。聚伞花序；花序梗细，长3~8cm；花小，黄绿色。浆果肾形或球形，直径约6mm，熟时蓝色，有凹点。花期5—6月，果期9—10月。

分布与生境｜见于安吉、长兴；生于山坡林下、荒野路边。产于省内南部、西部；分布于华东、华中、西南、华北及东北。

用　　途｜叶形奇特，可供观赏；块根入药。

217 爬山虎 地锦 爬墙虎

Parthenocissus tricuspidata (Sieb. et Zucc.) Planch.

形态特征｜落叶攀援木质藤本。枝较粗壮；卷须短，多分枝，先端膨大成吸盘。叶片异型；能育枝上的叶片宽卵形，(10~20cm)×(8~17cm)，先端通常三浅裂，基部心形，边缘具粗锯齿；不育枝上的叶片常为三全裂或为三出复叶，中间小叶片倒卵形，两侧小叶片斜卵形，有粗锯齿；幼枝上的叶片较小而不裂；叶柄长8~22cm。聚伞花序。浆果球形，熟时蓝色。花期6—7月，果期9月。

分布与生境｜见于区内各地；常攀援于山坡、沟谷岩石、树干或墙壁上。产于全省各地；分布于华东、中南、华北及东北。

用　　途｜枝叶繁茂，层层密布，幼叶带红色，秋叶常变红色，是很好的垂直绿化植物，常供边坡、庭院墙面、屋顶、树干、花架、石景美化；根、茎入药。

绿叶爬山虎

异叶爬山虎

绿叶爬山虎（青龙藤）*P. laetevirens*，掌状复叶通常具5枚小叶，侧生小叶与中间小叶同型，皱褶不平。见于德清。

异叶爬山虎 *P. dalzielii*，叶片二型；短枝上为三出复叶，长枝上为单叶。见于德清、安吉、长兴、吴兴。

218 刺葡萄 山葡萄 | *Vitis davidii* (Roman. du Caill.) Föex.

形态特征 | 落叶木质藤本。茎粗壮，幼枝密被棕红色软皮刺，老茎上皮刺呈瘤状凸起。单叶互生，叶片与卷须对生；叶片宽卵形至卵圆形，(5~20cm)×(5~14cm)，先端短渐尖，基部心形，边缘不明显3浅裂，具波状细锯齿，背面灰白色，仅主脉和脉腋有短柔毛；叶柄长6~13cm，疏生小皮刺。圆锥花序长5~15cm。浆果球形，熟时蓝黑色或蓝紫色，直径1~1.5cm。花期4—5月，果期8—10月。

分布与生境 | 见于全区各地；生于山坡阔叶林中、沟谷灌丛中。产于杭州、宁波、衢州、台州、丽水、温州；分布于秦岭—淮河以南。

用　　途 | 茎刺奇特，叶大浓密，适于经济栽培或垂直绿化；果可生食或酿酒；葡萄育种材料；根入药。

219 葛藟 葛藟葡萄 | *Vitis flexuosa* Thunb.

形态特征｜落叶木质藤本。枝细长，无毛。单叶互生，叶片与卷须对生；下部叶片扁三角形或心状三角形，长比宽略短或两者等长，先端尖或锐尖；上部叶片长三角形，长 4~11cm，基部浅心形或截形，边缘有低平的三角形牙齿，背面初时中脉及侧脉有蛛丝状毛，以后仅在基部残留开展短毛，脉腋有簇毛；叶柄长达 7cm。圆锥花序。浆果球形，熟时蓝黑色。花期 5—6 月，果期 9—10 月。

分布与生境｜见于全区各地；生于山坡、沟谷疏林下、林缘及灌丛中。产于杭州、衢州、台州；分布于华东、中南、西南。

用　　途｜枝叶较繁密，可供垂直绿化；根、藤汁（葛藟汁）、果实入药。

220 毛葡萄

Vitis heyneana Roem. et Schult.

形 态 特 征｜落叶木质藤本。幼枝常被白色绵毛，老枝棕褐色。单叶互生，叶片与卷须对生；叶片卵形或五角状卵形，长 10~15cm，不分裂或不明显三裂，先端急尖，基部浅心形或近截形，边缘有波状小牙齿，正面无毛或近无毛，背面密生浅豆沙色茸毛；叶柄长 3~7cm，密被白色或豆沙色蛛丝状柔毛。圆锥花序。浆果球形，熟时紫红色。花期 6 月，果期 8—9 月。

分布与生境｜见于安吉；生于山坡林中、林缘或溪谷边灌丛中，攀援于他物上。产于杭州、绍兴、宁波、衢州、丽水、台州等地；分布于华东、西南及台、鄂、桂、陕、甘。

用　　途｜叶形秀美，两面异色，可供垂直绿化；果可食用；根皮、叶或全株入药。

桑叶葡萄 *V. ficifolia*，叶片三浅裂至中裂，或兼有不裂叶。见于长兴、吴兴。

221 华东葡萄　野葡萄

| *Vitis pseudoreticulata* W. T. Wang

形 态 特 征｜落叶木质藤本。枝细长，具脱落性灰白色茸毛。单叶互生，叶片与卷须对生；叶片心形、心状五角形或肾形，长4~12cm，不分裂，有时不明显三浅裂，先端渐尖，基部宽心形，边缘有小锯齿，背面沿脉有短毛和蛛丝状柔毛，脉腋间有簇毛，网脉不明显；叶柄长3~7cm。圆锥花序。浆果球形，熟时紫色或黑色。花期5—6月，果期9—10月。

分布与生境｜见于安吉、长兴、吴兴；生于沟谷林中、林缘或路旁灌丛中。产于杭州、台州、丽水；分布于华东及湘、桂。

用　　途｜枝叶繁密，秋叶红艳，可供边坡、断面、乱石堆覆绿；根、茎入药。

222 三出蘡薁 | *Vitis sinoternata* W. T. Wang

形态特征 | 落叶木质藤本。幼枝、叶柄、花序轴和分枝均被锈色或灰色茸毛；卷须有一分枝或不分枝。叶片与卷须对生，三出复叶或三全裂，中央小叶无柄或有短柄，菱形，下部常收狭，边缘有缺刻状粗齿，正面疏生短毛，背面密被锈色柔毛；叶柄长 1~3cm。圆锥花序长 5~8cm；花小。浆果球形，熟时紫色，直径约 1cm。花期 4—5 月，果熟期 7—8 月。

分布与生境 | 见于德清、长兴、吴兴；生于山坡、沟边灌丛。产于杭州。

用　　途 | 叶形奇特，秋叶转色，可供垂直绿化；果可食用；根、茎、叶、果实或全株入药。

浙江蘡薁 *V. zhejiang-adstricta*，叶片 3~5 浅裂至深裂，常在不同分枝上有不裂叶，基部心形，边缘锯齿较钝，两面除沿主脉被小硬毛外疏生极短细毛。见于德清、安吉、长兴、吴兴。

223 狭叶香港远志 | *Polygala hongkongensis* var. *stenophylla* (Hayata) Migo

形 态 特 征｜亚灌木。叶片条形至条状披针形,（2~5cm）×（3~5mm），全缘，两面无毛；叶柄长约 2mm，被短柔毛。花序顶生或同一株上兼有腋生，长 3~6cm，花序轴具疏松排列的 7~18 朵花；花白色或紫色；萼片 5 枚，外面 3 枚舟形，中脉具狭翅，内面 2 枚萼片花瓣状；花瓣 3 枚，侧瓣 2/5 以下与龙骨瓣合生，龙骨瓣盔状。蒴果近圆形，压扁，具阔翅，顶端微凹。花期 5—6 月，果期 6—7 月。

分布与生境｜见于德清、安吉、长兴、吴兴；生于山谷林缘或山坡荒草地上。产于全省山区；分布于华东。

用　　途｜植株矮小，花形独特，可栽培观赏；全草供药用。

瓜子金 *P. japonica*，叶片卵形或卵状披针形；花序与叶对生。见于德清、安吉、长兴、吴兴。

224 野鸦椿　鸡肫皮　鸟眼睛 | *Euscaphis japonica* (Thunb.) Kanitz

形态特征 | 落叶灌木或小乔木。小枝及芽红紫色，无毛；枝、叶揉碎具恶臭气味。奇数羽状复叶对生，长 12~28cm；小叶 5~9 枚；叶片厚纸质，椭圆形、卵形或长卵形，先端渐尖至长渐尖，基部圆形或宽楔形，常偏斜，边缘具细锐锯齿，齿尖有腺体，背面沿中脉被脱落性白色短柔毛。圆锥花序顶生；花黄白色。蓇葖果紫红色，开裂后呈鸡肫皮状，露出亮黑色种子。花期 4—5 月，果期 6—9 月。

分布与生境 | 见于全区各地；生于山坡林缘、沟谷溪边或灌丛中。产于全省山区、半山区；分布于除东北及西北以外各地。

用　　途 | 叶浓绿光亮，果序红黑相间，艳丽夺目，可供庭院绿化观赏；根、果实、种子入药。

225 省沽油　双蝴蝶

Staphylea bumalda (Thunb.) DC.

形态特征｜落叶灌木。小枝绿白色，无毛。三出复叶，对生；小叶椭圆形或卵圆形至长卵圆形，(3.5~9cm)×(2~4.5cm)，边缘具细锯齿，顶生小叶片基部楔形，下延，侧生小叶片基部宽楔形或近圆形，偏斜，正面疏生短毛，沿脉较密；顶生小叶叶柄果时长5~17mm。圆锥花序；花白色，芳香。蒴果扁膀胱状，顶端2裂，基部下延成果颈。花期4—5月，果期6—9月。

分布与生境｜见于德清、安吉；生于山谷坡地、溪边林中。产于湖州、杭州、宁波、台州、丽水、温州；分布于华东、华中、华北及东北。

用　　途｜果形奇特，叶形秀美，花洁白芳香，适作园林观赏树种；嫩叶可食用；根及果实入药。

226 黄山栾树 全缘叶栾树

Koelreuteria bipinnata var. *integrifoliola* (Merr.) T. Chen

形态特征｜落叶乔木。树皮薄片状剥落；小枝红棕色，密生锈色椭圆形皮孔。二回羽状复叶长 30~40cm；小叶 7~11 枚，互生，长椭圆形或长椭圆状卵形，先端渐尖至长渐尖，基部略偏斜，全缘（萌芽枝或不育枝之叶有锯齿）或仅在先端具少数粗浅锯齿，两面沿中脉有柔毛或无毛。圆锥花序顶生；花黄色。泡囊状蒴果浅红色至红色。花期 8—9 月，果期 10—11 月。

分布与生境｜见于安吉、长兴；生于山坡或溪边林中、林缘。产于杭州、绍兴、湖州、衢州、台州、丽水；分布于华东及鄂、湘、粤、桂、黔。

用　　途｜树体高大，枝叶扶疏，夏末大型花序黄色，入秋果序红色至浅红色，十分美丽，观赏期长，是园林中常见的行道树；材用树种；根、花供药用；蜜源植物。

227 无患子 肥皂树

Sapindus saponaria Linn.

形态特征｜落叶乔木。树皮灰色，光滑。一回羽状复叶互生，长 20~45cm；小叶 5~8 对，互生或近对生，长卵形或长卵状披针形，有时稍呈镰形，基部偏斜，全缘，无毛或几无毛；小叶柄长 2~5mm。圆锥花序顶生。果实近球形，直径约 2cm，黄色，果皮肉质，富含皂素。花期 5—6 月，果期 7—8 月。

分布与生境｜见于全区各地；生于山坡、沟谷溪边林中、林缘，常见栽培。产于全省各地；分布于我国东部、南部至西南部。

用　　途｜枝叶秀丽，秋叶金黄，串串果实垂挂枝头，是园林中常见的秋色叶树种；蜜源植物；果皮富含皂素，可代肥皂；种子可榨油或作工艺品；根、果实、树皮可入药。

228 三角槭　三角枫

Acer buergerianum Miq.

形态特征｜落叶乔木。树皮薄片状剥落；小枝疏被脱落性柔毛，皮孔显著。叶片卵状椭圆形至倒卵形，(6~10cm)×(3~5cm)，常3浅裂，裂片三角形至三角状卵形，先端尖至短渐尖，全缘或上部具锯齿，中裂片大于侧裂片，基部楔形至近圆形，叶背具白粉。伞房花序顶生。翅果的小坚果显著凸起，两翅张开成锐角或平行。花期4月，果期10月。

分布与生境｜见于全区各地；生于山坡、沟谷林中及平原四旁。产于全省各地；分布于华东、华中及粤、黔。

用　　途｜树冠圆形，枝叶秀丽，秋叶变暗红色或橙黄色，常见的秋色叶树种，亦可制盆景；材用树种；根、根皮、茎皮入药。

229 青榨槭

Acer davidii Franch.

形态特征｜落叶乔木。大枝青绿色，常纵裂成蛇皮状；当年生枝绿色。叶片长圆状卵形或近长圆形，不分裂（萌芽枝上的叶可 3 浅裂），（6~14cm）×（3.5~8.5cm），先端锐尖或渐尖，基部近心形或圆形，边缘具不整齐圆钝锯齿；叶柄长 1.5~6cm。总状花序下垂。果翅张开成钝角或近水平。花期 4 月，果期 10 月。

分布与生境｜见于德清、安吉、余杭；生于沟谷、山坡林中、林缘。产于全省山区、半山区；分布于华东、华北、中南及西南。

用　　途｜枝叶秀丽，入秋叶转黄色、红色至红紫色，翅果串串下垂，十分美丽，适作庭院绿化观赏树种；树液含糖分 2%；材用树种；纤维植物。

230 建始槭

Acer henryi Pax

形态特征｜落叶乔木。当年生小枝紫绿色，被短柔毛。三出复叶；小叶片椭圆形或长圆状椭圆形，(6~12cm)×(2.5~5cm)，先端渐尖，边缘中部以上有钝锯齿，稀全缘，顶生小叶的叶柄长1~2cm，侧生小叶的小叶柄长3~5mm，被短柔毛；叶柄长4~8cm。总状花序侧生（稀顶生）于2~3年生无叶小枝。翅果两翅张开成锐角或近直立。花期4月，果期10月。

分布与生境｜见于德清；生于山坡、沟谷溪边林中或悬崖石隙中。产于临安、淳安、遂昌、泰顺；分布于华东、华中、西南及甘。

用　　途｜树冠圆形，枝叶秀丽，秋叶红色，是优良的园林观赏树种；材用树种。

231 苦茶槭 桑芽槭 茶条槭

Acer tataricum Linn. subsp. *theiferum* (Fang) Z. H. Chen et P. L. Chiu

形态特征｜落叶灌木或小乔木。树皮灰褐色，微纵裂。当年生枝绿色或紫绿色，具皮孔。叶片卵形、卵状长椭圆形至长椭圆形，（5~10cm）×（3~6cm），先端锐尖或狭长锐尖，基部圆形或近心形，不分裂或3~5浅裂，中裂片远比侧裂片发达，边缘具不规则的锐尖重锯齿，背面有白色疏柔毛。伞房花序顶生。两翅张开，近垂直或成锐角。花期5月，果期9—10月。

分布与生境｜见于德清、安吉、长兴、吴兴；生于山坡、溪沟边、路旁灌丛中或疏林下。产于湖州、杭州、绍兴、宁波、衢州、台州、丽水；分布于华东、华中。

用　　途｜枝叶扶疏，叶形奇特，秋叶转色，果形美观，供山区生态林营造，轻盐碱地绿化，风景区、公园、庭院观赏。嫩叶代茶饮用；树皮、叶、果实或种子供化工用；幼芽入药；材用树种。

232 黄连木 楷树

Pistacia chinensis Bunge

形态特征｜落叶乔木。冬芽红色，枝、叶揉碎有浓烈气味。常偶数羽状复叶，互生；小叶 10~16 枚，披针形或卵状披针形，长 5~8cm，先端渐尖或长渐尖，基部楔形，偏斜，全缘。圆锥花序腋生，先叶开放。核果扁球形，成熟时紫红色或蓝紫色。花期 4 月，果期 6—10 月。

分布与生境｜见于安吉、长兴、吴兴；生于山坡、山谷、溪边。产于全省各地；分布于华东、中南、西南、华北、西北。

用　　途｜树形优美，春叶红色，秋叶红色、橙红色或黄色，果红色，灿烂悦目，是优良的园林观赏树种；材用树种；嫩叶、果可食用；种子榨油用；树皮、叶、果实可提取栲胶；树皮、叶可入药。

233 盐肤木　五倍子树

Rhus chinensis Mill.

形态特征｜落叶灌木或小乔木。树皮含水状汁液；小枝、叶背面、叶柄和花序均密被锈色柔毛。奇数羽状复叶，互生；叶轴及叶柄常具宽的叶状翅；小叶5~13枚，卵形或卵状长圆形，（3~11cm）×（2~6cm），先端急尖，基部宽楔形或圆形，稍偏斜，边缘具粗锯齿，近无柄。大型圆锥花序顶生，花瓣白色。核果球形，略压扁，熟时橙红色，常被白色盐状物。花期8—9月，果期10月。

分布与生境｜见于全区各地；生于向阳山坡、沟谷溪边疏林下、林缘或灌丛中。产于全省山区、半山区；分布于我国暖温带、亚热带地区。

用　　途｜嫩叶带红色，秋叶红色或橙红色，花序大而色白，耐贫瘠，是很好的荒坡绿化树种；五倍子蚜虫的寄主植物；嫩叶、果可食；叶作饲料；油料作物；虫瘿（五倍子）、果实、根、叶入药。

234 野漆树

Toxicodendron succedaneum (Linn.) O. Kuntze

形态特征｜落叶乔木。全体无毛；小枝粗壮，常被白粉。奇数羽状复叶，互生；小叶9~15枚，薄革质，长椭圆形至卵状披针形，（6~12cm）×（2~4cm），先端渐尖或长渐尖，基部圆形或宽楔形，全缘，背面常带白粉。圆锥花序腋生，多分枝；花瓣黄绿色。核果斜菱状近球形，偏斜。花期5—6月，果期8—10月。

分布与生境｜见于德清、安吉、长兴；生于山坡、山谷林中。产于全省山区、半山区；分布于华北以南各地。

用　　途｜枝叶扶疏、秀丽，花序大，秋叶转红色，甚是艳丽，是优良的秋色叶树种；材用树种；根、叶、树皮、果实入药。

木蜡树 *T. sylvestre*，芽、小枝、叶、花序轴均被柔毛；小叶片纸质，卵形至长圆形，先端急尖或渐尖。见于德清、安吉、长兴、吴兴。

235 臭椿 樗

Ailanthus altissima Swingle

形态特征｜落叶乔木。树皮灰白色或暗灰色；嫩枝粗壮，赤褐色，被疏柔毛；髓心大，海绵质；腋芽具芽鳞，被褐色柔毛。奇数羽状复叶，互生，长30~90cm；小叶13~25枚，对生，揉之有臭味，卵状披针形，先端渐尖，基部偏斜，具1~2对大腺齿。大型圆锥花序顶生，花瓣白色带绿。翅果成熟时黄褐色。花期5—7月，果期8—10月。

分布与生境｜见于全区各地；生于山坡、沟谷林中、林缘、灌丛中。产于全省各地；分布于辽宁以南，广东以北，甘肃以东。

用途｜树干通直高大，树冠浓密，秋季满树翅果，颇为美观，可作园林观赏树种；嫩叶可食；叶又饲养樗蚕；树皮、根皮、果实入药。

236 苦木 黄楝树

Picrasma quassioides (D. Don) Benn.

形态特征｜落叶小乔木。树皮和叶味极苦。小枝具红棕色短柔毛，密布小皮孔；裸芽被红棕色短柔毛。奇数羽状复叶，互生，常集生于枝顶；小叶9~15枚，对生；叶轴、叶柄有棕色短柔毛；小叶片卵形至椭圆状卵形，（4~10cm）×（2~4cm），先端渐尖，基部宽楔形或近圆形，歪斜，边缘具不整齐的疏钝锯齿，中脉两面隆起，侧脉6~10对。花雌雄异株；聚伞花序组成圆锥花序，腋生；花黄绿色。核果近球形，3~4个并生，蓝色或红色。花期4—5月，果期6—9月。

分布与生境｜见于德清、吴兴；生于山谷、溪边、山坡林中。产于全省各山区；分布于黄河流域及其以南各地。

用　　途｜秋色叶树种，可供山区生态林营造；可供材用；根、茎干、叶入药，有毒，又可作生物农药。

237 楝树　苦楝

Melia azedarach Linn.

形态特征｜落叶乔木。树皮纵裂。小枝粗壮，有叶痕，具灰白色皮孔；芽鳞密被褐色柔毛。2~3 回羽状复叶互生，长 20~40cm；小叶片卵形、椭圆状卵形或卵状披针形，（2~8cm）×（2~3cm），先端渐尖至长渐尖，基部楔形至圆形，边缘具粗钝锯齿。圆锥花序腋生；花紫色，花丝深紫色。核果近球形或卵形，直径 1~2cm，熟时淡黄色。花期 5—6 月，果期 11 月。

分布与生境｜见于全区各地；生于低山丘陵或平原。产于全省各地，常见栽培；分布于河北以南各地。

用　　途｜树冠宽大，花繁色美，黄果冬季宿存枝头，适作庭荫树、行道树；材用树种；果供酿酒；种子油供化工用；根皮、树皮、叶和果实入药，又可作生物农药。

240 竹叶椒

Zanthoxylum armatum DC.

形态特征｜常绿灌木或小乔木。枝、叶揉碎有花椒味；小枝无毛，连同叶两面中脉上有长刺。奇数羽状复叶，互生；小叶3~9枚，叶轴与叶柄具宽翅，叶柄基部有1对托叶刺；小叶片多披针形，（3~12cm）×（1~3cm），基部楔形至宽楔形，边缘具细小圆齿，齿缝有一粗大油点；小叶近无柄。聚伞状圆锥花序；花黄绿色。蓇葖果红色。花期3—5月，果期8—10月。

分布与生境｜见于德清、长兴、吴兴；生于低海拔的疏林下、林缘或灌丛中。产于全省山区、半山区；分布于秦岭以南各地。

用　　途｜叶色浓绿，秋冬红果累累，适作刺篱；嫩叶可食；果实代花椒作调料；果实、枝、叶可提取芳香油；果实、枝、叶入药。

毛竹叶椒 *Z. armatum* form. *ferrugineum*，嫩枝梢、花序轴、叶轴均有褐锈色短柔毛。见于区内各地。

241 朵椒

Zanthoxylum molle Rehd.

形态特征｜落叶乔木。树干上有锥形鼓钉状大皮刺。奇数羽状复叶，互生，叶轴、叶柄均呈紫红色；叶柄长 10~15cm；小叶 9~19 枚；小叶片宽卵形至卵状长圆形，(8~14cm)×(3.5~6.5cm)，先端短骤尖，基部圆形、宽楔形或微心形，全缘或在中部以上有细小圆齿，齿缝有油点，上面深绿色，散生不明显油点，下面苍绿色或灰绿色，密被毡状茸毛。伞房状圆锥花序顶生，花序梗被短柔毛和短刺；花白色。骨葖果紫红色，具细小、明显的腺点。花期 7—8 月，果期 9—10 月。

分布与生境｜见于全区各地；生于山坡密林中。产于临安、诸暨、衢州、仙居、天台、遂昌、庆元；分布于皖、赣、湘、黔。

用　　途｜树干布满大皮刺，树冠平顶形，秋叶黄艳，可作观赏树种；叶、果可提取芳香油；叶、根、果壳、种子可入药。

242 青花椒 崖椒

Zanthoxylum schinifolium Sieb. et Zucc.

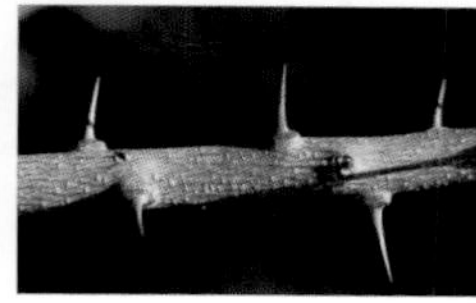

形态特征｜落叶灌木。全体含挥发性油。枝有短小皮刺。奇数羽状复叶，互生；叶轴具狭翅，有稀疏向上弯曲小皮刺；小叶11~21枚，对生或互生；小叶片披针形、菱状卵形至椭圆形，（1.5~4.5cm）×（7~15mm），先端急尖或钝，基部楔形至宽楔形，微偏斜，叶缘具细锯齿，齿缝有油点，两面疏生油点。伞房状圆锥花序顶生。蓇葖果紫红色。花期8—9月，果期10—11月。

分布与生境｜见于安吉、长兴、吴兴；生于沟谷、山坡林中或林缘。产于湖州、杭州、宁波、舟山、台州、丽水、金华、温州等市；分布于辽宁以南大部分地区。

用　　途｜嫩叶可食；果作调料；果或种子供化工用；根、叶、果入药。

野花椒 *Z. simulans*，小叶3~9枚，对生，（2.5~6cm）×（1.5~3.5cm）。见于安吉、长兴。

243 五加 细柱五加 | *Eleutherococcus nodiflorus* (Dunn) S. Y. Hu

形态特征｜落叶灌木。枝常呈蔓生状；枝条在叶柄基部散生扁平下弯的刺。掌状复叶，在长枝上互生，在短枝上簇生；叶柄长3~9cm，有时具细刺；小叶常5枚，中央小叶片最大，倒卵形至倒披针形，先端急尖至短渐尖，基部楔形，边缘具细钝锯齿，背面脉腋簇生淡黄色柔毛；小叶柄短或近无柄。伞形花序常单生；花小，黄绿色。果扁球形，熟时紫黑色。花期5月，果期10月。

分布与生境｜见于德清、安吉、长兴、吴兴；生于向阳山坡、路旁灌丛中、阴坡水沟边或阔叶林中。产于全省山区、半山区；分布于华中、华东、华南、西南。

用　　途｜根皮入药，名“五加皮”；嫩叶可食。

糙叶五加 *E. henryi*，叶片中部以上有锯齿，正面稍被糙毛，叶背脉被柔毛；伞形花序数个簇生于小枝顶。见于长兴、吴兴。

244 楤木

Aralia hupehensis G. Hoo

形态特征｜落叶小乔木或灌木。茎干疏生灰白色粗短刺；小枝、叶、花序通常被黄棕色茸毛，疏生细刺。2~3 回羽状复叶互生；小叶片卵形、宽卵形或近心形，（3~12cm）×（2~8cm），背面有时灰白色，边缘具细锯齿。伞形花序组成顶生大型圆锥花序；花芳香，白色。果球形，熟时黑色或紫黑色。花期 6—8 月，果期 9—10 月。

分布与生境｜见于全区各地；生于山坡、山谷疏林中、林缘、灌丛中或空旷地。产于全省各地；分布于华东、华南、西南、华北。

用　　途｜嫩芽、叶可食用；根、根皮可入药。

棘茎楤木 *A. echinocaulis*，小枝及茎干密生红棕色细长直刺；叶轴和花序轴无刺；小叶片长圆状卵形至披针形，两面无毛。见于余杭。

245 中华常春藤 | *Hedera nepalensis* var. *sinensis* (Tobl.) Rehd.

形 态 特 征｜常绿木质藤本。茎以气生根攀援。全体无毛；一年生枝、叶背、叶柄疏生锈色鳞片。叶二型；不育枝叶三角状卵形或戟形，（5~12cm）×（3~10cm），先端短渐尖或渐尖，基部截形或心形，全缘或 3 裂；能育枝叶长椭圆状卵形至披针形，基部楔形，全缘，稀 3 浅裂；叶柄长 1~8cm。伞形花序或再组成总状、伞房状。果球形，熟时橙红色或黄色。花期 10—11 月，果期翌年 3—5 月。

分布与生境｜见于德清、安吉、长兴、吴兴；生于山坡、沟谷林中、林缘，常攀援于树干、岩石、崖壁或墙垣上。产于全省各地；分布于华东、华南、西南、华北。

用　　途｜叶浓绿光亮，果密集而艳丽，是优良的地被及垂直绿化植物；全株入药。

246 刺楸 鼓钉刺

Kalopanax septemlobus (Thunb.) Koidz.

形态特征｜落叶乔木。树皮灰褐色，与枝干密被扁宽皮刺；幼枝常被白粉。叶在长枝上互生，在短枝上簇生；叶片近圆形，直径10~30cm，基部心形至截形，掌状5~9裂，裂片三角状宽卵形或卵状长椭圆形，边缘具细锯齿，叶背幼时疏生短柔毛，老时无毛，或仅脉上疏被毛；叶柄长6~20cm。伞形花序聚生成顶生圆锥花序，长15~25cm；花白色或淡黄色。果球形，熟时蓝黑色。花期7—10月，果期9—12月。

分布与生境｜见于德清、安吉、长兴、吴兴；生于山坡、山谷林中、林缘空旷地、裸岩旁。产于杭州、绍兴、宁波、舟山、台州；分布于除西北外的各地。

用　　途｜树干多皮刺，枝叶茂密，叶大而奇特，秋叶优美，可作山地绿化或园林观赏树种；材用树种；嫩叶可作野菜；根皮、树皮可入药。

247 蓬莱葛 | *Gardneria multiflora* Makino

形态特征 | 常绿攀援灌木。枝条圆柱形，无毛，节上有线状隆起的托叶痕。单叶对生；叶片革质，椭圆形或椭圆状披针形，（4.5~14cm）×（2~4cm），先端渐尖，基部宽楔形，全缘，正面深绿色，具光泽，中脉在上面凹下，侧脉 5~8 对，在两面均凸起；营养枝上的叶片叶脉常呈白色或浅黄色；叶柄长 5~8mm，叶柄间托叶线明显。2~3 歧聚伞花序，腋生，有花 5~6 朵；花冠辐状，黄色或黄白色。浆果圆球形，成熟时由黄变红色。花期 6—7 月，果期 9 月。

分布与生境 | 见于区内各地；生于山坡阴湿处林下、沟谷溪边灌丛中或岩石旁。产于全省山区、半山区；分布于华东、华中、华南、西南。

用　　途 | 枝叶美观，攀援性强，花、果均可观赏，适于庭院垂直绿化；根、种子、叶入药。

248 络石

Trachelospermum jasminoides (Lindl.) Lem.

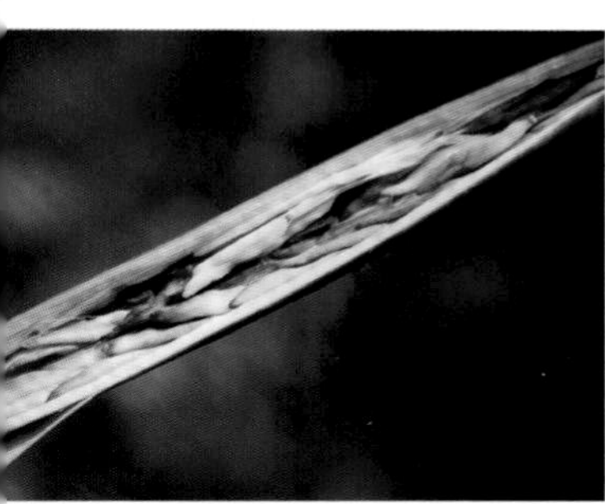

形态特征｜常绿木质藤本。茎赤褐色，常有气生根；幼枝、叶片背面、叶柄被脱落性黄色柔毛；老枝红褐色，具皮孔。单叶对生；叶片革质，椭圆形、宽椭圆形、卵状椭圆形或长椭圆形，（2~8.5cm）×（1~4cm），先端急尖、钝尖或渐尖，基部楔形或圆形，侧脉 6~12 对；叶柄长 2~3mm。二歧聚伞花序组成圆锥状；花白色，高脚碟状，芳香。蓇葖果双生，叉开，披针状圆柱形。花期 4—6 月，果期 8—10 月。

分布与生境｜见于全区各地；生于山坡、沟谷之林缘或林中，常攀援于树干、岩石、崖壁或墙垣上。产于全省各地；分布于我国除东北、新、青、藏外各地。

用　　途｜繁花洁白、芬芳，枝叶茂密，攀援性强，是优良的垂直绿化和地被植物；花可提取“络石浸膏”；根、叶、茎藤、果实入药；乳汁有毒；纤维植物。

249 折冠牛皮消 飞来鹤

| *Cynanchum boudieri* Lévl. et Vant.

形态特征｜缠绕半灌木。有肥厚的地下块根。茎外面具微柔毛。叶片宽卵状心形或卵形，（4~16cm）×（3~13cm），先端短渐尖或渐尖，基部两侧常呈耳状下延或内弯，全缘；叶柄长 1~10.5cm。聚伞花序伞房状，花可达 30 朵；花白色，辐状；副花冠浅杯状，每一裂片内面中部有一三角形舌状鳞片，比合蕊柱显著高。蓇葖果双生，披针状圆柱形；种子长颈瓶状，具白色种毛。花期 6—8 月，果期 9—11 月。

分布与生境｜见于德清、安吉、长兴；生于山坡路边灌丛中或溪沟边。产于全省山区；分布于全国各地。

用　　途｜块根供药用，有小毒。

250 柳叶白前 水杨柳 | *Cynanchum stauntonii* (Decne.) Schltr. ex Lévl.

形 态 特 征｜直立亚灌木，高 30~70cm。全株无毛。茎灰绿色，圆柱形，中空，表面有细棱。叶对生，狭披针形至条形，（4.5~11cm）×（0.3~1.5cm），先端渐尖，基部楔形，侧脉约 6 对，不明显；叶柄长 3~5mm。伞形聚伞花序腋生，有花 3~8 朵；花冠紫红色，辐状；副花冠裂片盾状。蓇葖果单生，披针状长圆柱形；种子顶端有白色种毛。花期 6—8 月，果期 9—10 月。

分布与生境｜见于德清、安吉、长兴、吴兴；生于低海拔溪边、沟边阴湿处。产于全省各地；分布于华东、华中、华南、西南各地。

用　　途｜根状茎及根入药。

251 贵州娃儿藤 | *Tylophora silvestris* Tsiang

形态特征｜木质藤本。茎圆柱形，灰褐色，常具2列毛。叶片近革质，椭圆形或长圆状披针形，(2.5~6cm)×(0.5~2.5cm)，先端急尖，基部圆形或截形，基出脉3条，侧脉1~2对；叶柄长3~7mm，有微毛。伞状聚伞花序腋生，比叶短，不规则1~2歧，有花10余朵；花序梗长1~2.5cm；花冠外观呈紫红色或淡紫色，辐状；副花冠裂片卵形，肉质肿胀。蓇葖果披针状圆柱形；种子具白色绢毛。花期5—6月，果期7—8月。

分布与生境｜见于德清；生于山坡林中或溪边向阳石缝中。产于杭州、台州、衢州、丽水、温州；分布于华东、西南及湘、粤。

用　　途｜根可供药用。

252 枸杞

| *Lycium chinense* Mill.

形态特征 | 落叶小灌木。枝条柔弱，常拱形下垂；幼枝有棱，有棘刺。单叶互生，或 2~4 片簇生于短枝上；叶片卵形、卵状菱形、长椭圆形或卵状披针形，（2.5~5cm）×（1~2cm），先端急尖或钝，基部渐狭成短柄，全缘，略呈波状；叶柄长 2~6mm。花单生或 2 至数朵簇生；花紫色，裂片边缘具缘毛。浆果卵形至长卵形，熟时鲜红色。花期 6—9 月，果期 7—11 月。

分布与生境 | 见于全区各地；生于山坡灌丛中、旷野、池塘边或石坎上。产于全省各地；分布于全国各地。

用　　途 | 枝条拱垂，叶小巧，花色美丽，红果挂满枝条，可供观赏；常见中草药，果实、叶、根皮或根入药；嫩茎、叶、果供食用。

253 白英 白毛藤 | *Solanum lyratum* Thunb.

形 态 特 征 | 蔓性半灌木。茎、小枝、叶片两面、叶柄均密被白色多节长柔毛。叶互生；叶片琴形或卵状披针形，（2.5~8cm）×（1.5~6cm），基部大多数为戟形，3~5 深裂（生于枝端的叶常不分裂），裂片全缘，侧裂片先端圆钝，中裂片卵形，中脉明显。聚伞花序顶生或腋外生，花稀疏；花蓝紫色或白色，顶端 5 深裂，裂片自基部向下反折。浆果球形，具小宿萼，熟时红色。花期 7—8 月，果期 10—11 月。

分布与生境 | 见于全区各地；生于山坡林缘或灌丛中。产于全省各地；分布于长江以南地及鲁、豫、陕、甘。

用 途 | 全草入药。

野海茄

野海茄 *S. japonense*，植株无毛或小枝被疏柔毛；叶片三角状披针形或卵状披针形，先端长渐尖，基部圆或楔形，边缘波状，偶 3 裂。见于德清、安吉、长兴、吴兴。

海桐叶白英 *S. pittosporifolium*，植株无毛；叶片披针形至卵状披针形，全缘。见于安吉、长兴。

海桐叶白英

254 厚壳树

Ehretia acuminata R. Br.

形态特征｜落叶乔木。树皮灰黑色，不规则纵裂；小枝略呈“之”字形曲折。单叶互生；叶片厚纸质，倒卵形、倒卵状椭圆形至长圆状椭圆形，（7~20cm）×（3~11cm），先端短渐尖或急尖，基部楔形或圆形，边缘有细锯齿，正面疏生短糙伏毛，背面仅脉腋有簇毛，侧脉5~7对；叶柄长0.5~3cm。圆锥花序；花冠白色，具香气，裂片长于冠筒。核果近球形，初时黄色后变橘红色。花期6月，果期7—8月。

分布与生境｜见于全区各地；散生于沟谷溪边、山坡林中。产于全省山区、半山区；分布于华东、华中、华南、西南。

用　　途｜叶大枝密，果实可赏，春叶嫩绿，秋叶黄艳，适作园林观赏树种；材用树种；树皮可作染料。

255 紫珠　珍珠枫

Callicarpa bodinieri Lévl.

形态特征｜落叶灌木。小枝、叶柄、花序均被星状毛。叶片卵状长椭圆形至椭圆形，(7~18cm)×(4~8cm)，先端渐尖，基部楔形，边缘有细锯齿，背面密被星状毛和暗红色粒状腺点；叶柄长0.5~1cm。聚伞花序4~5次分歧，花序梗长约1cm；花冠紫红色。果实球形，熟时紫色。花期6—7月，果期9—11月。

分布与生境｜见于安吉、长兴；生于沟谷林中、林缘及灌丛中。产于杭州、湖州、金华、衢州、丽水；分布于华东、华中及粤、桂、黔、滇。

用　　途｜夏季花繁叶茂，色彩柔和，入秋紫果累累，莹润如珠，晶莹夺目，经冬不凋，适作庭院观赏树种；叶供药用。

华紫珠 *C. cathayana*，嫩梢和花序梗具星状毛，其余无毛；叶片薄纸质，卵状椭圆形至卵状披针形，(4~10cm)×(1.5~4cm)。见于全区各地。

256 白棠子树

Callicarpa dichotoma (Lour.) K. Koch.

形态特征｜落叶灌木。小枝略呈四棱形，淡紫红色。单叶对生；叶片纸质，倒卵形，（3~6cm）×（1~2.5cm），先端急尖或渐尖，基部楔形，边缘上半部疏生锯齿，两面近无毛，背面密生下凹的黄色腺点；叶柄长2~5mm。聚伞花序纤弱，2~3次分歧；花冠淡紫红色。果实球形，紫色。花期6—7月，果期9—11月。

分布与生境｜见于吴兴；生于沟谷溪边、山坡灌丛中。产于杭州、宁波、衢州、金华、台州、丽水；分布于华东、中南及贵、冀。

用　　途｜紫果鲜亮，经久不凋，适应性强，适供庭院观赏及湿地绿化；叶、根、果入药。

257 老鸦糊 | *Callicarpa giraldii* Hesse ex Rehd.

形态特征 | 落叶灌木。小枝、叶背、花序被星状毛；叶背、花萼、花药被黄色腺点，叶背尤密。单叶对生；叶片纸质，宽椭圆形至披针状长圆形，（6~19cm）×（3~6cm），先端渐尖，基部楔形并下延，边缘具锯齿或小齿，正面近无毛；叶柄长1~2cm。聚伞花序4~5次分歧，花冠紫红色。果实球形，紫色。花期5—6月，果期10—11月。

分布与生境 | 见于全区各地；生于疏林下、溪沟边或灌丛中。产于全省山区、半山区；分布于黄河流域及其以南各地。

用途 | 同紫珠。

毛叶老鸦糊 *C. giraldii* var. *subcarescens*，叶片宽卵形至椭圆形，（10~17cm）×（4~10cm）；小枝、叶背面及花的各部分均密被灰白色星状柔毛。见于全区各地。

258 秃红紫珠 | *Callicarpa rubella* var. *subglabra* (Pei) H. T. Chang

形态特征｜落叶灌木。全株无毛。叶大小变化较大，倒卵形至椭圆状披针形，(7~13cm)×(2.5~6cm)，基部浅心形至圆形，边缘具锯齿；叶柄短，长达 6mm。聚伞花序，花序梗长 1.5~3cm；花冠紫红色。果实球形，紫色。花期 6—7 月，果期 9—11 月。

分布与生境｜见于德清、安吉、长兴；生于山坡、沟谷林中或灌丛中。产于杭州、宁波、台州、丽水；分布于赣、湘、粤、桂、黔。

用　　途｜同紫珠。

259 兰香草

Caryopteris incana (Thunb.) Miq.

形 态 特 征｜亚灌木。小枝圆柱形，略带紫色，被上弯的灰白色短柔毛。单叶对生；叶片厚纸质，卵状披针形或长圆形，（1.5~6cm）×（0.5~3cm），先端急尖或钝圆，基部宽楔形、近圆形至截形，边缘有粗齿，两面密被稍弯曲的短柔毛和黄色腺点；叶柄长 0.5~2cm。聚伞花序紧密，腋生和顶生；花冠蓝紫色或淡紫色，二唇形，下唇中裂片较大，边缘流苏状。蒴果倒卵球状，被粗毛。花果期 8—11 月。

分布与生境｜见于德清、安吉、长兴、吴兴；生于向阳山坡、山冈、山脊的疏林、林缘及灌丛中。产于全省山区、半山区；分布于长江以南各地。

用　　　途｜株形美观，花期长，成片种植可呈现“薰衣草花田”的景观效果；根或全株入药。

260 大青　野靛青

Clerodendrum cyrtophyllum Turcz.

形态特征｜落叶灌木或小乔木。小枝黄褐色，髓心白色。单叶对生；叶片揉碎有臭味，椭圆形、卵状椭圆形或长圆状披针形，(8~20cm)×(3~8cm)，先端渐尖或急尖，基部圆形或宽楔形，全缘，萌芽枝之叶常有锯齿，两面沿脉疏生短柔毛；叶柄长2~6cm。伞房状聚伞花序顶生或腋生；花冠白色。果实球形，熟时蓝紫色；具紫红色宿存花萼。花果期7—12月。

分布与生境｜见于全区各地；生于林中、林缘灌丛中或溪沟边。产于全省各地；分布于长江以南各地。

用　　途｜叶色浓绿，紫红色萼片别具特色，花果期长，可作园林观赏树种；根、叶入药；嫩茎、叶可食用。

261 海州常山 臭梧桐

Clerodendrum trichotomum Thunb.

形态特征｜落叶灌木，稀小乔木。小枝髓心白色，有淡黄色薄片状横隔。单叶对生；叶片纸质，卵形至卵状椭圆形，(6~16cm)×(3~13cm)，先端渐尖，基部宽楔形至截形，偶心形，边缘波状、全缘或有不规则齿；叶柄长 2~8cm。伞房状聚伞花序具主轴；花冠白色。核果近球形，熟时蓝黑色，被紫红色果萼所包。花果期 7—11 月。

分布与生境｜见于安吉、长兴、吴兴、余杭；生于山坡、溪边灌丛或空旷地。产于全省各地；分布于除内蒙古、新疆、西藏外的全国各地。

用　　途｜花形奇特，花期长，果萼紫红色，适应性强，适供园林绿化；全株入药；嫩茎、叶可食用。

浙江大青 *C. kaichianum*，嫩枝略呈四棱形，密生黄褐色、褐色或红褐色短柔毛；叶片厚纸质，下面脉腋基部有数个盘状腺体；花序梗粗壮，花序无主轴。见于吴兴。

262 豆腐柴　腐婢

Premna microphylla Turcz.

形态特征｜落叶灌木。小枝被上向柔毛。单叶对生；叶片纸质，揉碎有特殊气味，卵状椭圆形或卵形，（4~11cm）×（1.5~5cm），先端急尖或渐尖，基部楔形下延，边缘近中部以上有钝齿或全缘；叶柄长0.2~1.5cm。塔形圆锥花序顶生；花冠淡黄色，喉部具密毛。核果熟时黑色。花期5—6月，果期8—10月。

分布与生境｜见于全区各地；生于沟谷疏林、林缘及灌丛中。产于全省山区、半山区；分布于华东、华中、华南及川、黔。

用　　途｜叶可制绿色豆腐；根、叶入药。

263 牡荆

Vitex negundo var. *cannabifolia* (Sieb. et Zucc.) Hand.-Mazz.

形 态 特 征｜落叶灌木。小枝四棱形，密被灰黄色短柔毛。掌状复叶，对生；小叶 3~5 枚，披针形或椭圆状披针形，先端渐尖，基部楔形，边缘具粗锯齿，背面淡绿色，疏生短柔毛；叶柄被短柔毛。圆锥花序顶生，长 10~20cm；花冠淡紫色。果实近球形，黑色。花期 6—7 月，果期 8—11 月。

分布与生境｜见于德清、安吉、长兴、吴兴；生于山坡、谷地灌丛中或林中。产于全省山区、半山区；分布于秦岭—淮河以南。

用　　　途｜花序大，花淡紫色，素雅清秀，抗逆性强，是边坡、断面、山脊、冈地绿化的优良树种，亦可作桩景；蜜源树种；纤维植物；全株可入药。

黄荆 *V. negundo*，小叶片全缘或每边具 1~2 对粗锯齿，背面密被灰白色细茸毛；圆锥花序长约 12cm。见于安吉、长兴、吴兴。

264 醉鱼草　痒见消

| *Buddleja lindleyana* Fort.

形态特征 | 落叶灌木。小枝四棱形，具窄翅；嫩枝、幼叶及花序均被棕黄色星状毛和鳞片。单叶对生；叶片卵形至椭圆状披针形，大小差异显著，(2.5~13cm) × (1~4cm)，先端渐尖，基部宽楔形或圆形，全缘或疏生波状锯齿，叶背灰绿色；叶柄长 0.5~1cm。穗状花序顶生，常偏向一侧，下垂；花紫色。蒴果长圆形。花期 6—8 月，果期 10 月。

分布与生境 | 见于全区各地；生于向阳山坡、沟谷溪边灌丛中及林缘。产于全省各地；分布于秦岭—淮河以南各地。

用　　途 | 枝叶披散，花期长，适应性强，萌芽力亦强，适作庭院观赏树种；根、全株入药；叶也作生物农药。

265 雪柳 | *Fontanesia fortunei* Carr.

形 态 特 征 | 落叶小乔木，或呈灌木状。枝、叶无毛；小枝略呈四棱形。叶片纸质，对生，卵状披针形至披针形，（2.5~10cm）×（1~2.5cm），先端长渐尖，基部楔形，全缘，侧脉 4~6 对；叶柄长 2~4mm。圆锥花序顶生或腋生，花冠白色或带淡红色。翅果宽椭圆形，扁平，顶端微凹。花期 5—6 月，果期 9—10 月。

分布与生境 | 见于安吉、长兴；生于沟谷溪边、林缘及平原四旁。产于杭州、宁波、金华、衢州、丽水、舟山等地；分布于华东及鲁、豫、冀、晋、陕。

用　　途 | 枝条稠密柔软，叶细如柳，晚春白花满树，宛如积雪，极为美观，适作庭院绿化观赏树种；茎枝可编筐；茎皮纤维含量丰富；蜜源植物。

266 金钟花

Forsythia viridissima Lindl.

形态特征｜落叶丛生灌木。枝、叶无毛；小枝黄绿色，四棱形，髓呈薄片状。叶片薄革质，狭椭圆形至卵状披针形，（3~7cm）×（1~2.5cm），先端渐尖或急尖，基部楔形，边缘中部以上有锯齿，上面中脉微凹，侧脉 4~6 对；叶柄长 5~8mm。花先叶开放，1~3 朵簇生于叶腋，金黄色。蒴果卵球形。花期 3—4 月，果期 7—8 月。

分布与生境｜见于德清、安吉、长兴；生于沟谷溪边疏林下、林缘或灌丛中。产于杭州、宁波、温州、绍兴、金华、台州、丽水；分布于华东及闽、鄂、川、黔。

用　　途｜枝拱垂，早春满枝金黄，是很好的园林绿化树种；果实供药用；种子富含油脂。

267 苦枥木

Fraxinus insularis Hemsl.

形态特征｜落叶乔木。冬芽圆锥形，被黑褐色茸毛。奇数羽状复叶，对生，连同叶柄长 15~20cm；小叶 3~5 枚，长圆形或椭圆状披针形，（7~14cm）×（3~4.5cm），先端渐尖或尾状渐尖，基部楔形或圆，边缘有疏钝锯齿或中部以下近全缘，两面无毛；侧生小叶叶柄长 5~12mm。圆锥花序生于当年生枝枝顶；花白色，后叶开放。翅果长匙形，顶端钝或微凹。花期 4—5 月，果期 7—9 月。

分布与生境｜见于德清、安吉、长兴、吴兴；生于沟谷溪边或山坡林中。产于全省山区、半山区；分布于长江以南各地。

用　　途｜花繁果密，枝叶扶疏，可作秋色叶树种；材用树种；叶可饲养白蜡虫、制取白蜡。

白蜡树

庐山白蜡树

尖叶白蜡树

白蜡树 *F. chinensis*，小叶片先端锐尖至渐尖，下面沿中脉下部被灰白色柔毛；侧生小叶叶柄长 2~5mm；花无花冠，与叶同放。见于吴兴。

庐山白蜡树（庐山梣）*F. mariesii*，小枝细瘦，疏生细小皮孔，被脱落性短柔毛；小叶片下面被细微短柔毛或近无毛，侧生小叶近无柄；花序梗密被灰黄色短柔毛。见于安吉。

尖叶白蜡树（尖叶梣）*F. szaboana*，小枝皮孔小而凸起；叶柄基部稍膨大，嫩时有成簇棕色曲柔毛；顶生小叶通常较大，先端长渐尖至尾尖；小叶柄长 2~3mm 或近无柄；花无花冠，与叶同放。见于德清。

268 落叶女贞

Ligustrum compactum var. *latifolium* Cheng

形态特征｜落叶乔木。树皮灰色，平滑；枝、叶无毛；小枝具皮孔。叶片卵形、宽卵形、椭圆形或椭圆状卵形，（8~13cm）×（4~6.5cm），先端渐尖或急尖，基部宽楔形，全缘，侧脉 5~7 对；叶柄长 1.5~2cm。圆锥花序顶生；花近无梗，花冠白色，芬芳。果肾形，果熟后蓝黑色，被白粉。花期 7 月，果期 10 月至翌年 3 月。

分布与生境｜见于长兴；生于石灰岩灌丛中。产于杭州、宁波；分布于江苏。

用　　途｜枝繁叶茂，夏季白花满树，冬春果实累累，可作为水土保持林、水源涵养林造林树种；材用树种；种子供化工用；果实、叶、树皮、根入药。

269 小蜡

Ligustrum sinense Lour.

形态特征｜落叶灌木，偶小乔木状。小枝密被淡黄色短柔毛。叶片纸质至近革质，长圆形或长圆状卵形，（2.5~6cm）×（1~3cm），先端短渐尖、急尖或钝而微凹，基部宽楔形或楔形，全缘，背面至少沿中脉有短柔毛，侧脉 5~8 对；叶柄长 2~5mm。圆锥花序顶生；花冠白色，裂片长于花冠筒。浆果状核果近球形，熟时黑色。花期 7 月，果期 9—10 月。

分布与生境｜见于全区各地；生于山坡林中、沟谷溪边、疏林下及灌丛中。产于全省山区、半山区；分布于长江以南各地。

用　　途｜叶片小巧玲珑，花白且繁茂，是园林中常见的花灌木；纤维植物；果供酿酒；种子富含油脂；叶入药。

小叶女贞 *L. quihoni*，常绿灌木；叶片较小，（1~4cm）×（0.5~2.5cm），两面无毛；花和果无梗。见于全区各地，石灰岩丘陵山坡灌丛中尤为常见。

蜡子树 *L. molliculum*，叶片厚纸质，（2~11cm）×（1~4.5cm），先端通常急尖或渐尖；侧脉 6~11 对；花冠裂片短于花冠筒。见于德清。

小叶女贞

蜡子树

270 木犀 桂花 | *Osmanthus fragrans* (Thunb.) Lour.

形态特征 | 常绿乔木或小乔木。小枝具重叠芽，皮孔显著；枝、叶无毛。单叶对生；叶片革质，椭圆形或长圆状披针形，(7~14.5cm) × (2.5~4.5cm)，先端渐尖或急尖，基部楔形，通常上半部有锯齿或疏锯齿至全缘，叶面略皱缩，叶背有细小腺点，侧脉 7~12 对；叶柄长 5~15mm。花簇生于叶腋；花淡黄白色、黄色，具浓香。核果椭圆形，熟时紫黑色。花期 8—10 月，果期翌年 2—4 月。

分布与生境 | 见于长兴；生于山谷林中，各地广为栽培。产于全省山区、半山区；分布于我国长江以南各地。

用　　途 | 树形美观，花芳香怡人，著名芳香植物，亦是我国十大传统名花之一；花供食用及提取香精；根或根皮、花、果实入药。

华东木犀（宁波木犀）*O. cooperi*，嫩枝、叶柄、叶片正面中脉多少被毛；叶片全缘或萌芽枝有疏锯齿，叶面不皱缩，叶缘稍背卷，两面侧脉通常都不明显。见于德清、安吉、长兴。

271 白花泡桐

Paulownia fortunei (Seem.) Hemsl.

形态特征｜落叶大乔木。主干通直，树皮灰褐色；幼枝、叶、花序和幼果均密被黄褐色星状茸毛。单叶对生；叶片长卵状心形，长达 20cm，长远大于宽，先端长渐尖或急尖，全缘，背面具腺体；叶柄长达 12cm。圆锥花序狭长，几呈圆柱形，长约 25cm；花冠白色，背面稍带浅紫色，筒内面淡黄色，密布紫色细斑块，喇叭状。蒴果长圆形，长 6~11cm，果皮厚 3~5mm。花期 3—4 月，果期 7—8 月。

分布与生境｜见于德清、安吉、长兴、余杭；生于山坡、沟谷林中或村宅旁。产于省内各地；分布于华东、华中、华南、西南。

用　　途｜树大荫浓，花大美丽，是常见的乡土树种；材用树种；花可食用；叶、花可入药。

华东泡桐 *P. kawakamii*，幼枝、叶、叶柄及花被均有黏毛或腺毛；叶片心形，长宽几相等；花序为宽大圆锥形，长可达 1m；花冠紫色至蓝紫色；蒴果卵圆形，长 2.5~4cm，顶端有短喙，果皮薄，宿存花萼常强烈反卷。见于德清、安吉、长兴、吴兴。

272 吊石苣苔　石吊兰

| *Lysionotus pauciflorus* Maxim.

形态特征｜常绿附生小灌木，高 5~25cm。叶在枝端密集，下部者 3~4 枚叶轮生；叶片革质，狭长圆形、狭卵形或倒卵形，（2.5~6cm）×（0.5~2cm），先端钝或急尖，基部楔形，边缘在中部以上有钝粗锯齿，正面深绿色，中脉明显，在背面凸起，两面无毛；具短柄或近无柄。聚伞花序顶生；花淡紫色或白色，花冠筒内面具淡红色或深紫色条纹。蒴果条状长圆形。花期 7—8 月，果期 9—10 月。

分布与生境｜见于安吉、长兴；生于阴湿岩壁上或树干上。产于全省山区；分布于秦岭以南各地。

用　　途｜植株清爽美观，花大美丽，可盆栽供观赏；全株入药。

273 梓树

Catalpa ovata G. Don

形态特征｜落叶乔木。树皮灰褐色，纵裂。单叶对生或近对生，有时 3 枚叶轮生；叶片宽卵形或近圆形，（10~30cm）×（7~25cm），先端渐尖，基部圆形或心形，全缘或 3 浅裂，掌状脉 5~7 条，脉腋有紫色腺体；叶柄长 6~18cm。圆锥花序顶生；花冠淡黄色，喉部内面具 2 条黄色线纹和紫色斑点。蒴果长圆柱形，下垂，长 20~35cm。花期 5—6 月，果期 8—10 月。

分布与生境｜见于安吉、长兴；生于沟谷、山坡林中。产于杭州、宁波、舟山、台州等地；分布于长江流域及其以北各地。

用　　途｜初夏淡黄色花满树，秋冬长条形蒴果挂满枝头，冠大荫浓，秋叶黄色，适于作庭荫树或行道树；珍贵材用树种；根皮、树皮入药。

274 细叶水团花 水杨梅 | *Adina rubella* Hance

形态特征｜落叶丛生灌木。小枝红褐色，具托叶痕，嫩时密被短柔毛。叶片纸质，卵状椭圆形或宽卵状披针形，（2~4.5cm）×（0.5~1.5cm），先端短渐尖至渐尖，基部宽楔形，全缘，两面脉上被柔毛，侧脉 4~5 对；叶柄极短；托叶 2 深裂，裂片披针形。头状花序通常单个顶生，直径约 1cm；花淡紫红色。蒴果长卵状楔形。花期 6—7 月，果期 8—10 月。

分布与生境｜见于安吉、长兴；生于沟谷溪边、池塘边、河滩地。产于杭州、宁波、温州、绍兴、金华、衢州、丽水；分布于长江以南各地。

用　　途｜枝条开展，满树球形花序，甚是可爱，适作湿地绿化树种；全株供药用；纤维植物。

275 虎刺 绣花针

Damnacanthus indicus Gaertn. f.

形 态 特 征｜常绿小灌木。合轴分枝，小枝被糙硬毛，叶柄间逐节对生长 1~2cm 的针状刺。叶片革质，卵形至宽卵形，（1~2.5cm）×（0.5~1.5cm），先端急尖，基部圆形，略偏斜，无毛或仅下面沿中脉疏被柔毛，中脉在上面多少隆起，侧脉不显著，光亮；叶柄短，密被柔毛。花 1~2 朵腋生，白色。果实球形，熟时鲜红色。花期 4—5 月，果期 9 月至翌年 3 月。

分布与生境｜见于德清；生于沟谷溪边灌丛中、阔叶林或竹林下、岩石旁。产于全省山区、半山区；分布于长江流域及其以南各地，东至台湾。

用　　途｜株形平展，四季常青，花白色，果实红艳，经冬不凋，观赏期长，适作观赏植物；根供药用。

276 香果树

Emmenopterys henryi Oliv.

形 态 特 征 | 落叶大乔木。小枝红褐色，圆柱形，托叶痕近环状，具皮孔；顶芽狭长，先端尖锐，红色。叶片薄革质，宽椭圆形至宽卵形，(10~20cm) × (7~13cm)，先端急尖或短渐尖，基部圆形或楔形，全缘，上面光亮；叶柄连同中脉常红色；托叶大，三角形。大型圆锥花序顶生，边缘具白色叶状萼裂片；花冠漏斗状。蒴果纺锤形，具纵棱，熟时红色。花期 8 月，果期 9—11 月。

分布与生境 | 见于德清；生于山坡阔叶林中。产于全省山区、半山区；分布于我国长江流域及其以南、豫、甘、陕。

用　　途 | 树体高大，花美叶秀，嫩叶常带红色，可作为秋色叶树种；材用树种；纤维植物。

附　　注 | 国家Ⅱ级重点保护野生植物。

277 栀子 黄栀子 山栀子

Gardenia jasminoides Ellis

形态特征｜常绿灌木。小枝绿色，密被垢状毛。单叶对生或3枚叶轮生；叶片革质，倒卵状椭圆形至倒卵状长椭圆形，(4~14cm)×(1.5~4cm)，先端渐尖至急尖，有时略钝，基部楔形，全缘，侧脉7~12对；叶柄短于4mm；托叶鞘状。花单生于枝顶；花冠高脚碟状，直径4~6cm，白色，芳香，裂片在蕾时旋转状排列。果卵形，具5~8条纵棱，橙黄色至橙红色，顶端宿萼裂片长2~3.5cm。花期5—7月，果期8—11月。

分布与生境｜见于德清、安吉、长兴、吴兴；生于山谷溪边灌丛中、岩石旁、山坡疏林下或林缘。产于全省山区、半山区；分布于我国东部、中部、南部。

用　　途｜叶浓绿光亮，花大洁白，馥郁芬芳，果色鲜艳，适于供庭院观赏；果实可入药和作黄色染料；花可食用。

278 日本粗叶木 | *Lasianthus japonicus* Miq.

形态特征｜常绿灌木。叶片纸质，长圆形至长圆状披针状，（9~16cm）×（2~4cm），先端渐尖或长尾状渐尖，基部楔形或略钝，边缘浅波状全缘或呈浅齿状，叶脉两面隆起；叶柄长5~10mm，密被淡黄褐色柔毛。花无梗，常数个簇生于叶腋；花冠白色，常微带红色，漏斗状，内面被茸毛。核果球形，直径约5mm，宝蓝色。花期5—6月，果期10—11月。

分布与生境｜见于长兴；生于山谷溪边灌丛中。产于全省山区；分布于华东、华中、华南、西南。

用　　途｜株形优美，花虽小但雅致，果实宝蓝色，是花、果具赏的优良园林植物。

279 羊角藤

Morinda umbellata subsp. *obovata* Y. Z. Ruan

形态特征｜常绿攀援灌木。小枝被脱落性粗短柔毛。单叶对生；叶革质，倒卵状长圆形至椭圆形，(4~12cm)×(1.5~4cm)，先端急尖或短渐尖，基部楔形或宽楔形，全缘，两面中脉被短柔毛，背面脉腋内具簇毛，侧脉 5~7 对，背面隆起；托叶合生成鞘。头状花序伞状排列于枝顶，花绿白色。聚花果由花萼参与发育，扁球形或近肾形，熟时红色。花期 6—7 月，果期 7—10 月。

分布与生境｜见于安吉、长兴；生于山坡谷地及溪边路旁林中，常攀援于树上或岩石上。产于全省山区、半山区；分布于我国西南部至东南部。

用　　途｜叶色浓绿，果形奇特，果色鲜艳，可用于棚架、花架美化；根、根皮、叶或全株入药。

280 鸡矢藤 鸡屎藤 | *Paederia scandens* (Lour.) Merr.

形态特征｜落叶缠绕藤本，半木质。茎灰褐色，被脱落性柔毛。单叶对生；叶片揉碎有臭味，卵形、长卵形至卵状披针形，(5~16cm)×(3~10cm)，先端急尖至渐尖，基部心形至圆形，全缘，正面无毛，或沿脉被柔毛或散生粗毛，背面或沿脉被柔毛，侧脉4~6对，连同中脉两面隆起；叶柄长1.5~7cm。圆锥状聚伞花序腋生或顶生，被疏柔毛，末次分枝上的花呈蝎尾状排列；花冠浅紫色，钟状。果球形，熟时蜡黄色，具光泽。花期7—8月，果期9—11月。

分布与生境｜见于全区各地；生于山坡、沟谷林缘、疏林下或灌丛中。产于省内各地；分布于长江流域及其以南各地。

用　　途｜花独特而密集，蜡黄色果实经久不掉，可用于垂直绿化；全株入药。

毛鸡矢藤 *P. scandens* var. *tomentosa*，茎被灰白色柔毛；叶上面散被粗毛，下面密被柔毛，脉上尤密；花序密被柔毛。见于全区各地。

长序鸡矢藤（耳叶鸡矢藤）*P. cavaleriei*，茎、叶背、花序密被黄褐色或污褐色柔毛；花序狭窄，花序轴伸长，聚伞花序呈总状排列。见于全区各地。

疏花鸡矢藤 *P. laxiflora*，茎纤细，无毛；叶片近膜质，披针形，无毛，侧脉纤细；花序疏散。见于德清、安吉、长兴、余杭。

毛鸡矢藤

长序鸡矢藤

疏花鸡矢藤

281 白马骨 山地六月雪

Serissa serissoides (DC.) Druce

形态特征｜常绿小灌木。小枝灰白色；幼枝、叶片两面中脉被短柔毛。单叶对生，常聚生于小枝上部；叶片卵形或长圆状卵形，（1~3cm）×（0.5~1.5cm），先端急尖，具短尖头，基部楔形，全缘，有时略具缘毛，叶脉两面凸起；叶柄极短；托叶先端分裂成刺毛状。花近无柄，常数朵簇生于小枝顶端；花冠漏斗状，白色，喉部被毛长。核果小。花期7—8月，果期10月。

分布与生境｜见于德清、安吉、长兴、吴兴、余杭；生于山坡、沟谷林下、林缘、灌丛中及石缝中。产于杭州、宁波、衢州、金华、台州、丽水等地；分布于长江流域及其以南各地。

用　　途｜株型低矮，花色洁白，适作地被或盆栽供观赏；全株或根入药。

282 鸡仔木　水冬瓜 | *Sinadina racemosa* (Sieb. et Zucc.) Ridsd.

形态特征 | 落叶乔木，高达 10m。小枝红褐色，具皮孔。叶对生，薄革质，宽卵形、卵状长圆形，（6~15cm）×（4~9cm），先端渐尖至短渐尖，基部圆形、宽楔形或浅心形，有时偏斜，边缘多少浅波状，下面脉腋具簇毛，有时沿脉疏被柔毛，侧脉 7~8 对，网脉明显；叶柄长 1.5~4cm。头状花序，常排成聚伞状圆锥花序；花淡黄色。小蒴果倒卵状楔形，具稀疏柔毛。花期 6—7 月，果期 8—10 月。

分布与生境 | 见于安吉、长兴；生于山坡、沟谷溪边林中。产于杭州、宁波、舟山、衢州、丽水；分布于长江流域及其以南地区。

用　　途 | 木材褐色，供制家具、农具、火柴杆、乐器等；纤维植物。

283 菰腺忍冬　红腺忍冬

Lonicera hypoglauca Miq.

形 态 特 征｜落叶木质藤本。幼枝密被淡黄褐色弯曲短柔毛。单叶对生；叶片卵形至卵状长圆形，（3~10cm）×（2.5~5cm），先端渐尖，基部圆形或近心形，正面中脉被短柔毛，背面幼时粉绿色，被毛，并密布橙黄色至橘红色的蘑菇形腺体；叶柄密被短糙毛。双花并生或多朵簇生于侧生短枝上，或于小枝顶端集合成总状；花白色，基部稍带红色，后变黄色，略香，长 3.5~4.5cm。果近球形，熟时黑色。花期 4—5 月，果期 10—11 月。

分布与生境｜见于德清、安吉、吴兴、余杭；生于山坡、山谷林中，常攀援于树冠上。产于杭州、宁波、衢州、台州、丽水、温州；分布于华东、华中、华南、西南。

用　　　途｜叶大枝红，花色丰富，是优良的观花藤本；嫩枝、花蕾入药；花可食用。

284 忍冬　金银花　*Lonicera japonica* Thunb.

形态特征｜落叶或半常绿木质藤本。茎皮条状剥落；枝中空，幼枝暗红褐色，密被黄褐色开展糙毛及腺毛。单叶对生；叶片卵形至长圆状卵形，（3~5cm）×（1.5~3.5cm），先端短尖至渐尖，基部圆形或近心形，具缘毛，两面密被柔毛，下部叶无毛而叶背略带灰绿色；叶柄被毛。花双生，苞片叶状，长 2~3cm；花白色，后变黄色，长 2~6cm。果实球形，熟时蓝黑色。花期 4—6 月，秋季也常开花，果期 10—12 月。

分布与生境｜见于全区各地；生于山坡、山冈、沟谷、山麓灌丛中、岩石上、堤坎边以及村宅墙缝中。产于全省各地；分布于全国各地。

用　　途｜藤蔓缠绕，花金、银两色，清香，花期长，是花架、花廊、围栏等绿化的好材料，亦可作地被植物或制盆景；茎、叶、花蕾、果实入药；花蕾代茶；蜜源植物；可提取芳香油。

285 金银忍冬　金银木

Lonicera maackii (Rupr.) Maxim.

形态特征｜落叶灌木，有时小乔木状。树皮不规则纵裂；小枝髓部黑褐色，后变中空。单叶对生；叶片卵状椭圆形至卵状披针形，（3~8cm）×（1.5~4cm），先端渐尖，基部楔形至圆钝，两面疏生柔毛，叶脉、叶柄被腺质短柔毛；叶柄长 2~8mm。花生于幼枝叶腋，芳香，小苞片连合成对；花白色带紫红色，后变黄色。果实圆球形，熟时暗红色，半透明状。花期 4—6 月，果期 8—10 月。

分布与生境｜见于长兴；生于石灰岩丘陵山坡林中、灌丛中及路旁林缘。产于杭州、宁波、舟山、温州、台州；分布于除华南及蒙、新、宁外的全国各地。

用　　途｜枝叶扶疏，花果美丽，植株可呈小乔木状，是优良的园林观果树种，老桩可制作盆景；花可提取芳香油；种子榨油可作肥皂。

286 下江忍冬　吉利子

| *Lonicera modesta* Rehd.

形态特征｜落叶灌木。幼枝、叶背、叶柄被短柔毛；小枝髓部白色实心；冬芽具4条棱。单叶对生；叶片菱状椭圆形至菱状卵形，（2~8cm）×（1.5~5cm），先端圆钝、突尖或微凹，基部楔形至圆形，有短缘毛，两面疏生柔毛，上面被灰白色细点状鳞片；叶柄长2~4mm，具短柔毛。花成对腋生，芳香，白色带紫红色，后变红色。相邻果实球形，几乎全部合生，熟时半透明鲜红色。花期4—5月，果期9—10月。

分布与生境｜见于安吉；生于山坡林缘、溪边灌丛中。产于全省山区、半山区；分布于皖、赣、湘、鄂。

用　　途｜灌木型忍冬，果实红色透亮，是忍冬类育种的好材料。

287 毛萼忍冬 | *Lonicera trichosepala* (Rehd.) Hsu

形态特征｜落叶木质藤本。幼枝、叶柄和花序梗均密被开展的黄褐色糙毛。叶纸质，卵圆形、三角状卵形或卵状披针形，长 2~6cm，先端渐尖或短尖，基部微心形，稀圆形或截形，两面被糙伏毛，老叶下面灰白色；叶柄长 2~5mm。花单生于叶腋，或 2 朵簇生于枝顶，成伞房花序；苞片线状披针形；花淡红色或白色，长约 2cm，外面密生倒糙毛。果实圆卵形，熟时蓝黑色。花期 6—7 月，果期 10—11 月。

分布与生境｜见于安吉；生于沟谷林下、山坡林缘及溪沟旁石隙间。产于杭州、台州、丽水；分布于皖、赣、湘。

用　　途｜花、藤可入药。

288 接骨木 | *Sambucus williamsii* Hance

形态特征｜落叶灌木或小乔木。树皮暗灰色；二年生枝浅黄色，密生粗大皮孔，髓部淡黄褐色。奇数羽状复叶，小叶通常 3~7 枚；侧生小叶片卵圆形至长圆状披针形，（3.5~15cm）×（1.5~4cm），先端渐尖至尾尖，基部宽楔形至微心形，边缘具细锐齿，中下部具 1 或数枚腺齿，小叶柄短；顶生小叶片卵形或倒卵形，小叶柄长达 2cm；托叶线形或腺体状。圆锥状聚伞花序顶生；花白色或带淡黄色。果实球形或椭圆形，熟时通常红色。花期 4—5 月，果熟期 9—10 月。

分布与生境｜见于德清；生于山坡疏林下、林缘灌丛中。产于杭州、温州、衢州、丽水；分布于华东、华中、西南、西北、华北、东北。

用　　途｜枝叶繁茂，春季白花满树，夏季红果累累，适作园林绿化观赏树种；全株供药用。

289 荚蒾 | *Viburnum dilatatum* Thunb.

形态特征｜落叶灌木。当年生小枝基部有环状芽鳞痕，连同芽、叶柄、花序及花萼被开展粗毛或星状毛。叶片宽倒卵形或宽卵形，（3~12cm）×（2~10cm），先端急尖或短渐尖，基部圆形至钝形或微心形，边缘有波状尖锐牙齿，背面被毛，全面散生均匀的黄色至几无色的透亮腺点，侧脉 6~8 对，直达齿端；叶柄长 0.5~3.5cm；托叶无。复伞形聚伞花序稠密；花冠白色。果红色。花期 5—6 月，果期 9—11 月。

分布与生境｜见于德清、安吉、长兴、吴兴；生于山坡沟谷疏林下或山脚灌丛中。产于全省山区、半山区；分布于秦岭以南各地。

用　　途｜枝叶扶疏，花白色而繁茂，果实红艳而持久，可于风景区、公园、庭院供观赏；根、枝、叶、果入药；果可食用；种子供化工用。

宜昌荚蒾

黑果荚蒾

宜昌荚蒾 *V. erosum*，叶柄长约 5mm；托叶条状钻形，长约 3mm，宿存。见于安吉、吴兴、余杭。

黑果荚蒾 *V. melanocarpum*，叶柄长 1~4cm；托叶钻形或无；果实熟时黑色或黑紫色。见于安吉。

290 琼花荚蒾 | *Viburnum keteleeri* Carr.

形态特征 | 落叶或半常绿灌木。当年生小枝基部无芽鳞痕；冬芽裸露，连同小枝、叶柄及花序均被灰白色或黄白色星状毛。叶片卵形或椭圆形，（5~8cm）×（2~4cm），先端钝或稍尖，基部圆形或有时微心形，边缘有小齿，叶片下面被星状毛。复伞形花序球状，仅边缘有大型白色不孕花；花序梗长0.5~1.5cm。果实长椭圆形，果梗具有明显的瘤状凸起，红色而后变黑色。花期4月，果期9—10月。

分布与生境 | 见于德清；生于丘陵山坡林下或灌丛中。产于杭州；分布于华东及鄂、湘。

用　　途 | 花白果红枝密，著名观赏花卉；枝条可入药。

陕西荚蒾 *V. schensianum*，叶片卵状椭圆形、宽卵形或近圆形，边缘有较密的小尖齿；复伞形花序，花序梗长1~3cm；全为可孕花；花萼筒无毛。见于长兴；生于石灰岩山地灌丛中。

291 茶荚蒾 饭汤子 | *Viburnum setigerum* Hance

形态特征｜落叶灌木。小枝多少有棱角，无毛，基部具环状芽鳞痕。叶对生，干后黑色；叶片卵状矩圆形、卵状披针形或狭椭圆形，（7~12cm）×（2~7cm），先端渐尖，基部圆形，边缘具锯齿，下面沿脉疏被长柔毛，基部两侧具少数腺体，侧脉 6~8 对，伸达齿端；叶柄 1~1.5cm。复伞状聚伞花序；花冠白色。果序常弯垂；核果卵圆形，熟时红色；果核背腹沟不明显。花期 4—5 月，果熟期 8—10 月。

分布与生境｜见于德清、安吉、长兴、吴兴；生于山坡灌丛中或沟谷林缘。产于全省山区、半山区；分布于长江流域及其以南各地。

用　　途｜花、果美观，姿态清秀，适作园林观赏树种；根、果入药；叶可代茶。

沟核茶荚蒾 *V. setigerum* var. *sulcatum*，叶片边缘通常具有较细密的牙齿状尖锐锯齿；果核两侧边缘因向腹面反卷而使背面拱凸，腹面纵向凹陷，边缘多少增厚状。见于德清。

292 棕榈 | *Trachycarpus fortunei* (Hook. f.) H. Wendl.

形 态 特 征 | 常绿乔木。茎不分枝，圆柱形，有环纹，常被残存的纤维状老叶鞘。叶片圆扇形，多聚生于枝顶，直径 50~100cm，掌状深裂，裂片 30~45 枚，线状披针形，先端 2 浅裂，中脉明显凸出；叶柄长 0.5~1m，具 3 条棱，两侧有锯齿状硬刺。雌雄异株；肉穗花序圆锥状；花淡黄色。核果肾状球形，熟时黑色，被白粉。花期 5—6 月，果期 8—10 月。

分布与生境 | 见于全区各地；生于山坡疏林中，也常见栽培。产于全省山区、半山区；分布于长江以南各地。

用　　途 | 树姿优美，叶形如扇，是最耐寒的棕榈科植物之一，常见的具有热带风情的园林观赏树种；纤维植物；花序梗处理后可食用；根、叶、叶鞘、花、果实可入药。

＊百合纲特点：茎中维管束分散排列，无形成层；叶脉常为平行脉或弧形脉；花基数通常为 3；子叶通常 1 枚。

293 箬竹 粽叶竹 米箬竹

| *Indocalamus* tessellatus (Munro) Keng

形态特征｜地下茎复轴型。秆高 1~2m，直径 5~8mm，近实心，被白色茸毛；节较平坦，秆环较箨环略隆起，节下方有红棕色贴秆的毛环。秆箨宿存，质坚硬；箨鞘远长于节间，外面贴伏紫褐色瘤基刺毛；箨耳、繸毛缺；箨舌弧形，先端被白色细毛；箨片狭披针形。末级小枝具叶 1~3 枚；叶片长圆形至宽披针形，（30~45cm）×（6~12cm），叶背散生直立短柔毛，沿中脉一侧具 1 行毡毛。笋期 5 月。

分布与生境｜见于区内各地；生于山坡阴面、沟谷林下及林缘阴湿处。产于杭州、湖州、金华、台州、丽水；分布于赣、闽。

用　　途｜植株低矮，常呈丛生状，可作地被植物；叶片可包粽子和制作斗篷等。

294 四季竹 | *Oligostachyum lubricum*（Wen）Keng f.

形态特征 | 地下茎复轴型。秆高 5m，直径约 2cm，初绿色，无毛，微被白粉；中部各节有粗细近相等的 3 枚分枝，分枝节间半圆形或扁平。箨鞘无斑纹，表面具脱落性刺毛；箨耳小，紫色，镰形，边缘具紫色縫毛；箨舌紫色，近截状，有紫色短纤毛；箨片绿色带紫色，宽披针形，基部收缩，两面纵脉隆起。末级小枝具 3~4 枚叶，叶鞘有白色细毛；叶耳紫色，縫毛放射状，叶舌紫色，截状，长不及 2mm；叶片披针形，无毛。笋期 5—10 月。

分布与生境 | 见于安吉；生于山坡疏林中、林缘或灌丛中。产于杭州、湖州、宁波、金华、台州、舟山；分布于赣、闽。

用　　途 | 株丛疏密有度，可供庭院观赏；笋供食用；秆供材用及制工艺品。

295 黄姑竹

| *Phyllostachys angusta* McCl.

形态特征｜地下茎单轴型。秆高 5~7m，直径 3~4cm，初时绿色，有少量白粉，节下粉圈明显，老时灰绿色；秆环较箨环略隆起。箨鞘乳白色或淡黄绿色，具宽窄不一的黄色、灰绿色、淡紫色条纹及稀疏的褐色斑点，无白粉；箨耳、繸毛无；箨舌淡黄色，先端平截或微凸，撕裂状，具长达 5mm 的灰白色长纤毛；箨片带状，淡绿色，边缘乳黄色，有时带紫色。末级小枝具叶 2~3 枚；叶舌伸出；叶耳和鞘口繸毛常存在；叶片狭，（8~17cm）×（1~2cm）。笋期 5 月中旬。

分布与生境｜见于区内各地；成片生于山坡。产于杭州、湖州；分布于苏、豫。

用　　途｜笋供食用；竹秆篾性极好，宜编制竹帘及工艺品，是优良的竹编材用。

石绿竹 ***Ph. arcana***，新秆有紫色斑纹，节带紫色；箨鞘淡灰绿色带紫色；箨舌弓形，强烈隆起；叶耳和鞘口缝毛缺。笋期 4 月。见于安吉、长兴。

乌芽竹 *Ph. atrovaginata*，箨鞘墨绿色，无斑点；箨舌宽短，绿褐色；箨片宽三角形至宽披针形，墨绿色，边缘紫红色。见于安吉、吴兴。

296 桂竹

Phyllostachys bambusoides Sieb. et Zucc.

形态特征｜地下茎单轴型。秆高 6~22m，直径 3~14cm，秆壁厚 5mm，节间长 16~42cm，初时绿色光亮，老时绿色。箨鞘质较厚，黄褐色，具紫褐色斑点或斑块；箨耳小，镰形或长倒卵形，紫褐色，有数枚流苏状缝毛；箨舌宽短，黄绿色或带紫色，先端具密集的绿紫色纤毛；箨片平直或微皱，中间绿色，两侧紫红色，边缘橘黄色。末级小枝具叶 3~4 枚；叶耳边缘有明显的放射状缝毛；叶片狭长，(5.5~17cm) × (1~2.5cm)。笋期 5 月下旬。

分布与生境｜见于安吉；成片生于山坡。产于杭州、绍兴、宁波、金华、衢州、台州、丽水；分布于长江流域、珠江流域各地。

用　　途｜笋有涩味，但可食用；竹秆粗大，篾性好，是优良的材用竹种。

美竹（白皮淡竹）*Ph. mannii*，箨鞘无毛，淡绿紫色或淡紫黄色，有暗紫色或乳黄色条纹和稀疏褐色小点，边缘与先端紫红色；箨耳狭镰形，紫色，上有紫色流苏状毛，有时无箨耳；箨舌宽短截形或微弱发育，中部微隆起，先端着生紫色长纤毛。笋期 5 月上旬。见于安吉、长兴。

297 白哺鸡竹 | *Phyllostachys dulcis* McCl.

形态特征 | 地下茎单轴型。秆高5~8m，直径3~7cm，初时深绿色，光滑无毛，节下具白粉环，分枝以下节微隆起；箨环不对称加厚。箨鞘淡黄白色，先端稍带紫色，疏生褐色小斑点，被白粉，上部有细毛；箨耳发达，具长缕毛；箨舌褐色，基部淡绿色，先端凸起，边缘波状且具极短的细须毛；箨片长矛形至带状，外翻，强度皱褶，颜色多变。末级小枝着叶2~4枚；叶耳绿色，有密集的绿色缕毛；叶舌长2mm；叶片较小，(8~11cm)×(1~2cm)。笋期4月上旬。

分布与生境 | 见于安吉、余杭，常有栽培。产于杭州、诸暨、桐庐。

用　　途 | 笋味甜而鲜美，是优良的笋用竹；竹壁薄，一般全秆使用。

298 淡竹

Phyllostachys glauca McCl.

形态特征｜地下茎单轴型。秆高7~10m，直径3~6cm，绿色，无毛，解箨后具白粉；秆环和箨环微隆起，近等高。箨鞘幼时黄红色，后变浅，具褐色小斑点，以基部居多，无毛；箨耳和鞘口缝毛缺如；箨舌发达，褐色至黑色，先端宽而截平，边缘齿状并具极短细须毛；箨片直立或下垂，长矛状至带状，边缘淡绿黄色或黄白色，向里渐变为暗红褐色。末级小枝具叶2~3枚；叶鞘无叶耳和毛；叶舌微弱或稍发达，淡紫褐色；叶片较长。笋期4月上、中旬。

分布与生境｜见于区内各地；生于向阳山坡或村庄附近。产于杭州、绍兴、宁波、台州；分布于鲁、豫、陕。

用　　途｜笋味佳；竹秆通直，篾性好，是优良的竹编材用，制成的各种工艺品美观耐用；药用的竹沥及竹茹多产于此种。

299 水竹

Phyllostachys heteroclada Oliv.

形态特征｜地下茎单轴型。中小秆型，秆高5~8m，直径2~6cm，绿色，无毛，节下具白粉；秆环隆起；箨环厚。箨鞘青绿色，边缘带淡紫红色，无毛，无斑点；箨耳小，但明显可见，具紫色繸毛；箨舌较弱，先端近截平，边缘具白色短纤毛；箨片三角形，紧贴秆面直立，绿色，边缘有稀疏毛。末端小枝常具2枚叶；叶鞘具不明显的叶耳；叶舌甚短；叶片披针形，(7~16cm)×(1~2cm)。笋期4月下旬。

分布与生境｜见于区内各地；生于河流两岸及山谷中。产于全省各地；分布于黄河流域及其以南各地。

用　　途｜笋可食，可作笋干；秆韧性大，可作马鞭柄、手杖等。

木竹（实心竹）*Ph. heteroclada* form. *solida*，秆实心或近实心。见于区内各地。

毛壳竹（大毛毛竹）*Ph. hispida*，秆被细柔毛；箨鞘暗绿紫色，先端有乳白色或淡紫色放射状纵条纹，被灰白色的密集小刚毛和白粉，边缘有纤毛，下部先端有稀疏棕色小点。见于安吉。

木竹

毛壳竹

300 红壳竹 红竹

Phyllostachys iridescens C. Y. Yao et S. Y. Chen

形态特征｜地下茎单轴型。秆高达 6~8m，直径 4~4.5cm，初时翠绿色，被白粉；秆环与箨环中度发育，同高。箨鞘紫红色，满布紫褐色斑点和稀疏白粉，光滑，边缘紫褐色；鞘口无毛，箨耳缺如；箨舌弧形，较隆起，紫褐色，先端具长纤毛；箨片外翻，略曲折，带状，绿色，边缘红黄色。末级小枝具 3~4 枚叶；叶耳缺如；鞘口具稀疏脱落性缝毛；叶舌紫红色，中度发育；叶片狭披针形，（9.5~17cm）×（1~2cm）。笋期 4 月中、下旬。

分布与生境｜见于区内各地；生于山坡或林缘。产于杭州、湖州、丽水、嘉兴、绍兴；分布于苏。

用　　途｜笋肉肥厚、甜美，笋期长，亦可作笋干；竹材用途广泛，可作农具柄、搭棚架等。

花秆红竹 *Ph. iridescens* form. *heterochroma*，节间黄色，间有不规则绿色纵条纹，沟槽部分绿色；部分叶片具白色条纹。见于安吉（模式产地）。

301 毛环竹 浙江淡竹

| *Phyllostachys meyeri* McCl.

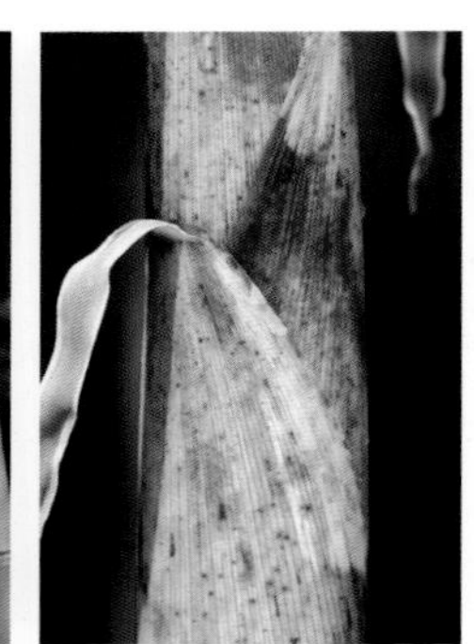

形态特征｜地下茎单轴型。秆高达 10m，直径 4cm，初时无毛，刚解箨时仅在箨环上有 1 圈脱落性的细白毛。箨鞘淡紫色，略被白粉，具较密集的褐色斑点或斑块，仅在其最基部具极窄的 1 圈白毛；箨耳及鞘口缝毛缺如；箨舌微弱发育，先端截平或微凸，中央具小尖头，边缘具短纤毛；箨片披针形至狭带状，边缘微皱。末级小枝具叶 2~3 枚；叶鞘无毛；叶片披针形，（7~13cm）×（1~2cm）。笋期 4 月下旬。

分布与生境｜见于区内各地；生于山坡或林缘。产于湖州、杭州、金华、台州；分布于苏、皖、湘。

用　　途｜笋味淡，稍涩；竹秆可作各作工艺品。

人面竹（罗汉竹）*Ph. aurea*，秆基部或中部节间常呈不规则不对称缩短或肿胀；箨舌极短，截平或微凸，边缘具长纤毛；箨片常直立，略有皱缩。笋期 5 月上旬。见于安吉、余杭。

302 篌竹 花竹

Phyllostachys nidularia Munro

形态特征｜地下茎单轴型。秆高达 8m，直径达 4cm；秆环显著隆起；箨环中度隆起。箨鞘淡黄绿色，无斑点，基部密生淡褐色刺毛，密被白粉；箨耳大，三角形或末端延伸成镰形；箨舌宽，微呈拱形；箨片宽三角形至三角形，直立，绿紫色，基部两侧延伸成大而紧抱竹秆的假箨耳；箨舌短。末极小枝有 1~3 枚叶，枝、叶浓密；叶片带状披针形，长 4~13cm，无毛或在下表面的基部生有柔毛，先端常反转，呈钩状。笋期 4—5 月。

分布与生境｜见于安吉；多生于河滩、沟边。产于杭州；分布于黄河流域及其以南地区。

用　　途｜林型紧凑，假箨耳独特，生态适应性强，耐干旱和水湿，可作园林观赏竹；笋美味可口；竹秆一般全秆使用，编制篱笆、鱼笼。

枪刀竹（光箨篌竹）*Ph. nidularia* var. *glabro-vagina*，节较平伏；箨鞘无毛或基部具密毛；叶鞘脱落。见于区内各地。

303 紫竹

| *Phyllostachys nigra* (Lodd. ex Lindl.) Munro

形态特征 | 地下茎单轴型。秆高 4~8m，直径 2~5cm；老秆紫黑色。箨鞘淡棕色，密被粗毛，无斑点；箨耳、䍁毛发达，紫色；箨舌中度发达，边缘具极短须毛；箨片三角形或长披针形，基部的直立，上部的展开反转，先端微皱褶，暗绿色带暗棕色。末回小枝具 2~3 枚叶；叶片质薄，长 7~10cm，宽约 1cm。笋期 4 月中旬。

分布与生境 | 见于余杭，各地有栽培；生于沟谷林缘或路旁灌丛中。产于杭州、宁波、金华、台州、丽水；分布于秦岭以南各地。

用　　途 | 是优良的园林观赏竹种；笋供食用；竹材强韧，可作鱼竿、手杖等。

毛金竹（金竹）*Ph. nigra* var. *henonis*，秆绿色至灰绿色，高可达 10m 以上，秆壁较厚，达 5mm；箨鞘密被淡褐色刺毛；箨舌边缘有长纤毛。见于德清、安吉、长兴、吴兴。

304 石竹

Phyllostachys nuda McCl.

形态特征｜地下茎单轴型。秆中小型，高 6~8m，直径 2~3cm，初时被薄白粉，箨环下被 1 圈厚白粉，老秆灰绿色，白粉环常较明显宿存；秆环隆起，显著高于箨环。箨鞘淡红褐色，粗糙，脉间具排成细线的紫褐色细点，无毛，密被白粉或白粉块，下部的具黑褐色斑块或云状斑；箨耳和繸毛无；箨舌狭截状，高约 2mm，先端微波状或齿状，边缘具短纤毛；箨片狭三角形至披针形，淡红褐色至绿色，反转，微皱。笋期 4 月。

分布与生境｜见于区内各地；生于山地、丘陵山坡，常片状生长。产于杭州、湖州、宁波；分布于苏。

用　　途｜竹笋是加工“天目笋干”的传统原料；秆较坚硬，宜作钓竿、刀柄及农具柄。

紫蒲头石竹 *Ph. nuda* form. *localis*，老秆基部数节间有紫色斑块满布，使节间呈紫色。见于安吉（模式产地）。

白叶石竹 *Ph. nuda* form. *varians*，新叶白色，带绿色条纹，后渐变为绿白色或浅绿色。见于安吉（模式产地）。

紫浦头石竹

白叶石竹

305 安吉金竹　浙江金竹 | *Phyllostachys parvifolia* C. D. Chu et C. S. Chao

形态特征 | 地下茎单轴型。秆高 8m，直径 5cm，初时绿色，有紫色细纹，被白粉，节下尤密；秆环微隆起。箨鞘淡褐色或淡紫色，无斑，无毛，边缘有白色纤毛；箨舌淡紫红色，与箨片基部近等宽，两侧微露出，先端弧形，有细齿，密生短纤毛；箨片三角形或三角状披针形，绿色，边缘或上部带紫红色，皱褶，直立，上部箨鞘的箨片基部延伸成假箨耳。末级小枝具 1~2 枚叶；叶耳不明显，有少数直立的鞘口缝毛；叶舌背面有粗毛；叶片披针形或带状披针形，（3~8cm）×（0.5~1.5cm），下面仅基部有细柔毛。笋期 5 月上旬。

分布与生境 | 见于区内各地；生于低海拔山坡林缘、房前屋后。产于余姚。

用　　途 | 笋可食；竹秆可供材用。

306 灰水竹

Phyllostachys platyglossa C. P. Wang et Z. H. Yu

形态特征｜地下茎单轴型。秆高约 8m，直径约 3.5cm，深绿带紫色，初时被白粉；秆环微隆起，与箨环同高。箨鞘被稀疏白粉，淡红褐色带淡绿色，有稀疏至中度的褐色小斑点和稀疏小刺毛，边缘紫色，无毛；箨耳卵形至镰形，紫色，边缘有淡紫色纤毛；箨片带状，绿紫色至绿色，外翻，皱曲。末级小枝具叶 2 枚；叶舌短截状，鞘口具縫毛；叶片（7~14cm）×（1~2.5cm）。笋期 4 月中旬。

分布与生境｜见于安吉（模式产地）；生于河滩、浅滩、房前屋后。

用　　途｜竹秆可作柄材；笋味美，供食用。

307 高节竹 | *Phyllostachys prominens* W. Y. Xiong ex C. P. Wang et al

形态特征 | 地下茎单轴型。中大型竹；秆高7~10m，直径4~7cm，节间收缩；秆环强烈隆起，箨环也隆起。箨鞘淡褐黄色或略带淡红色，边缘褐色，密生黑褐色斑点，疏生白毛；箨耳发达，长圆形或镰形，长达1.5cm，紫黑色，先端波状，疏生长纤毛；箨片带状披针形，橘红色或绿色而有橘黄色边缘，强烈皱褶，反转。末级小枝具2~3枚叶；叶耳和繸毛脱落性；叶舌隆起，黄绿色；叶片带状披针形，（8.5~18cm）×（1~2.5cm），下面仅基部被白毛。笋期4月下旬。

分布与生境 | 见于余杭，各地常有栽培。产于杭州、湖州、嘉兴、台州。

用　　途 | 高产笋用竹之一。

308 毛竹

Phyllostachys pubescens Mazel ex H. de Lehaie

形态特征｜地下茎单轴散生型。秆大型，茎直径可达 18cm，初时密被细柔毛和白粉；秆环不明显，分枝以下箨环微隆起；每节具分枝 2 枚。箨鞘未出土前为灰黄色而带赤色斑点，出土后色泽加深，密被糙毛和深褐色斑点、斑块；箨耳、燧毛、箨舌发达；箨片三角形至披针形，反转。末级小叶 4~6 枚，叶片小。冬笋期 12 月至翌年 2 月，春笋期 3—4 月。

分布与生境｜见于全区各地；自然扩鞭能力极强，常大面积生于山坡。产于全省山区、半山区；分布于秦岭以南各地。

用　　途｜是我国分布最广、面积最大、经济价值较高的竹种；南方重要材用树种；竹笋供食用；竹沥供药用；竹梢可作扫帚；老竹可作竹炭。

绿槽毛竹 *Ph. pubescens* form. *bicolor*，秆以黄色为主，仅沟槽处呈绿色。见于安吉。

金丝毛竹 *Ph. pubescens* form. *gracilis*，秆较矮而细，高不超过 8m，直径不超过 4cm；箨耳不显著。见于安吉。

龟甲竹 *Ph. pubescens* var. *heterocycla*，秆在中部至基部有多数极为缩短的节间，在各自一侧交互肿胀，形成畸形的节间。偶见于毛竹林中，常栽培。

黄皮毛竹 *Ph. pubescens* form. *holochrysa*，秆黄色；发枝较低；秆箨颜色通常为淡金黄色。见于安吉。

黄皮花毛竹（黄金镶碧玉）*Ph. pubescens* form. *huamozhu*，秆与主枝节间以黄色为主，间有粗细不等的绿色条纹。见于德清（模式产地）、安吉。

黄槽毛竹 *Ph. pubescens* form. *luteosulcata*，节间沟槽黄色。见于安吉（模式产地）。

绿皮花毛竹 *Ph. pubescens* form. *nabeshimana*，秆绿色，具黄色纵条纹。见于安吉。

绿槽毛竹 金丝毛竹 龟甲竹 黄皮毛竹 黄皮花毛竹 黄槽毛竹 绿皮花毛竹

309 芽竹

Phyllostachys robustiramea S. Y. Chen et C. Y. Yao

形态特征｜地下茎单轴型。秆小型，高 2~5m，直径 2~3cm，初时紫绿色，被白粉，无毛，渐转淡绿色；箨环下有白粉环。箨鞘质较薄，绿紫色，先端有乳白色、淡紫色放射状纵条纹，有稀疏短毛，基部被白粉，边缘有纤毛；箨耳发育，具淡绿色繸毛；箨舌淡绿色，截形或略弧形，先端有繸毛；箨片直立，微皱，披针形至带状，淡紫色至淡绿色。末级小枝具 3 枚叶；叶耳发达，繸毛长 4~6mm；叶片（6~12cm）×（1~1.5cm）。笋期 4 月中、下旬。

分布与生境｜见于安吉；生于河滩边。产于杭州。

用　　途｜笋可食；秆小型，整秆使用，可供编织等。

310 红边竹 | *Phyllostachys rubromarginata* McCl.

形 态 特 征 | 地下茎单轴型。秆高 7~8m，直径 4~5cm，节间细长，初时节下被稀疏的白粉，刚解箨时箨环具毛；秆环与箨环均微隆起。箨鞘淡绿色，仅基部被 1 圈环状白色短毛，鞘口着生数枚脱落縫毛；箨耳无；箨舌短，微凹，边缘具细长紫色须毛，紫红色；箨片直立，上部开展，长矛形至长披针形，先端及边缘紫红色。叶鞘无耳，具发达的縫毛；叶舌短，淡紫红色，先端具红色纤毛。末级小枝具 2~5 枚较大的叶。笋期 4 月下旬。

分布与生境 | 见于安吉。产于桐庐；分布于桂。

用　　途 | 笋可食用；优良的篾用竹，用来作菜篮等生活用品。

红后竹（安吉水胖竹、华东水竹）*Ph. rubicunda*，秆环显著隆起；箨鞘无毛，无斑点；箨舌先端近截平，上部箨的箨舌深凹，并常歪斜而不对称，边缘具短纤毛。笋期 5 月上、中旬。见于安吉（模式产地）。

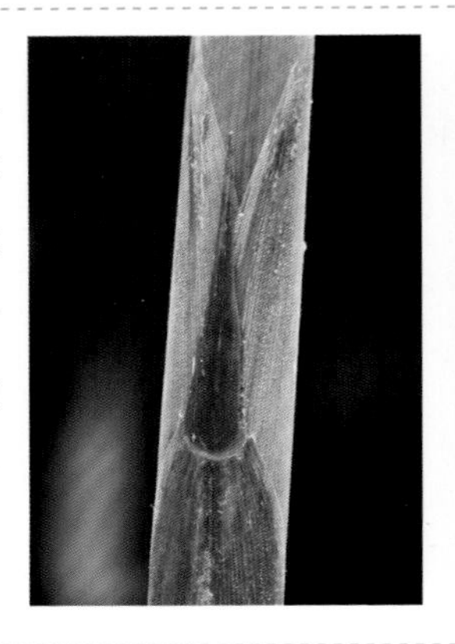

311 刚竹

Phyllostachys sulphurea var. *viridis* R. A. Young

形态特征｜地下茎单轴型。秆大型，高可达15m，直径8~10cm，初时绿色、无毛，节间具猪皮状皮孔区，节下具粉环；秆环不明显；箨环微隆起。箨鞘光滑，无毛，密布褐色斑点或斑块，边缘具细须毛；箨耳及繸毛无；箨舌中度发达；箨片长披针形或带形，反转，微皱，颜色多变。末级小枝具3~7枚叶；叶耳与繸毛发达；叶舌中度发达；叶片披针形，（8~16cm）×（1.5~2.5cm），下面基部具疏毛。笋期5月上、中旬，可延至7—8月。

分布与生境｜见于吴兴；生于低海拔山坡。产于全省各地；分布于华东。

用　　途｜笋味稍苦，煮后食用；竹材坚韧，可作小型建筑材料及各种柄材。

绿皮黄筋竹　黄皮绿筋竹

绿皮黄筋竹 *Ph. sulphurea* form. *houzeauana*，秆的纵槽淡黄色。见于吴兴。

黄皮绿筋竹 *Ph. sulphurea* form. *youngii*，秆金黄色，间有少数绿色纵条纹；叶片常有淡黄色的纵条纹。见于吴兴。

312 早竹

Phyllostachys violascens (Carr.) Riv. et C. Riv.

形态特征｜地下茎单轴型。秆高 8~10m，直径 4~6cm，节间丰满，略鼓起，初时深绿色，被白粉，无毛。箨鞘长圆形，无毛，褐绿色或淡黑褐色，被褐色斑点；箨耳、繸毛无；箨舌褐绿色或紫褐色，弧形；箨片狭带状披针形，强烈皱褶，反转，褐绿色或黑褐色。末级小枝具 2~6 枚叶；叶片带状披针形，（6~18cm）×（0.5~2.5cm）。笋期 3—4 月。

分布与生境｜见于区内各地。产于全省各地；分布于华东地区。

用　　途｜笋期早且长，味道鲜美。

黄条早竹 *Ph. violascens* form. *notata*，秆之节间沟槽有黄色条纹。见于德清（模式产地）。

雷竹 *Ph. violascens* form. *prevernalis*，节间向中部稍瘦削；笋期 3 月上旬，较早。见于安吉（模式产地）。

花秆早竹 *Ph. violascens* form. *viridisulcata*，秆高 7~11m，直径 4~8cm；秆金黄色，沟槽绿色。见于安吉（模式产地）。

天目早竹 *Ph. tianmuensis*，秆无白粉；箨鞘淡红棕色；箨舌暗紫色，弓状隆起或截平，边缘具直立之刚毛；箨片绿色，边缘黄色；末级小枝具 2~3 枚叶。见于安吉（模式产地）。

黄条早竹

雷竹

花秆早竹

天目早竹

313 乌哺鸡竹 | *Phyllostachys vivax* McCl.

形态特征 | 地下茎单轴型。秆高 10~15m，直径 4~8cm，初时绿色，微被白粉，无毛；秆环隆起，较箨环稍高，多少不对称。箨鞘褐色，密被黑褐色斑点及斑块，无毛或具细柔毛；箨耳、繸毛无；箨舌弧形隆起，两侧下延；箨片强烈皱褶，反转而下垂，浓绿色，（7~20cm）×（1~2.5cm）。末级小枝具 2~4 枚叶；叶片披针形。笋期 4 月中旬至 5 月中旬。

分布与生境 | 见于余杭，常见栽培。产于杭州地区；分布于苏。

用　　途 | 笋味鲜美，是良好的笋用竹，“天目笋干”的常用竹笋。

314 苦竹 *Pleioblastus amarus* (Keng) Keng. f.

形态特征｜地下茎复轴型。秆高 3~5m，直径 1.5~2cm，初时绿色，被厚的黏性白粉，老秆转绿黄色，被灰褐色粉状斑；秆髓粉末状；箨环木栓层增厚，秆环隆起，高于箨环；分枝通常 5 枚。箨鞘深绿色，被紫红色脱落性小刺毛；箨耳不明显或无；鞘口无毛或着生数枚直立缝毛；箨舌截形；箨片披针形，绿色。末级小枝具叶 3~5 枚；叶耳缺如或微弱；鞘口无毛；叶舌紫红色；叶片披针形，(14~20cm) × (2~3cm)。笋期 5 月上旬至 6 月上旬。

分布与生境｜见于德清、安吉、长兴、吴兴；常呈片状生于山坡疏林中或林缘。产于全省各地；分布于华东、华中及西南。

用　　途｜竹秆篾性一般，可用以制篮筐、伞柄、旗杆、毛笔杆等。

斑苦竹 *P. maculatus*，箨环呈指环状隆起，与秆环同高；箨鞘淡棕色，富光泽和油脂，被稀疏棕色细斑点，基部有发达的棕色茸毛。见于德清。宜兴苦竹 *P. yixingensis*，秆环密被黏附性黑粉，箨环上木栓质环状物不明显；箨鞘被脱落性厚白粉和紫色小刺毛；箨耳新月形，紫红色，边缘具发达的紫色缝毛；箨舌卵形，被厚白粉；箨片紫绿色；叶耳边缘具淡紫色放射状缝毛。见于安吉。

斑苦竹

宜兴苦竹

315 短穗竹

Semiarundinaria densiflora (Rendle) T. H. Wen

形态特征｜复轴混生型。秆散生，高3~4m，直径1~2cm，初被白色柔毛，微被白粉。箨鞘早落，绿色至黄绿色，近先端具极显著的乳白色放射状条纹和稀疏刺毛，边缘有紫色纤毛，无斑点；箨耳发达，镰形，具繸毛；箨舌高约2mm；箨片披针形至条形。末级小枝具2~5枚叶，叶鞘无毛；叶片宽披针形，基部圆形或楔形，下面被微毛。花序紧密成丛，基部着生1组向上逐渐增大的鳞片状小苞片；花序中每一侧生小穗或分枝下部包有苞片。笋期4—5月。

分布与生境｜见于德清、长兴、安吉、吴兴（模式产地）；生于山坡疏林中、林缘、灌丛中。产于全省山区、半山区；分布于苏、皖、赣、闽、鄂、粤。

用　　途｜姿态清雅，适合成片种植于园林中；笋味苦涩；秆可制工艺品。

316 鹅毛竹

Shibataea chinensis Nakai

形态特征｜地下茎复轴型。秆高 0.5~1m，直径 2~3mm，几乎实心，无毛，淡绿色带紫色，秆环甚隆起；每节分枝 3~6 枚。箨鞘膜质，外面无毛；箨耳无；箨片针形。叶片通常 1 枚生于枝顶；叶鞘革质，长 3~10mm，鞘口无缝毛；叶片厚纸质，卵状披针形或卵形，无毛，先端常因冻伤而呈枯萎状。笋期 5—6 月。

分布与生境｜见于长兴、安吉、吴兴；生于山坡疏林下、林缘。产于杭州、湖州、宁波、金华、台州、丽水；分布于苏、皖、赣、闽。

用　　途｜株形紧凑、整齐，耐修剪，是很好的地被竹。

317 菝葜 金刚刺 | *Smilax china* Linn.

形态特征 | 落叶攀援灌木。根状茎横走，较粗壮，有刺；地上茎被疏倒钩状刺。叶片近圆形、卵形或椭圆形，（3~10cm）×（1.5~8cm），先端突尖至骤尖，基部宽楔形或圆形，背面淡绿色或苍白色，具3~5条主脉；叶柄长7~25mm，卷须粗壮，翅状鞘披针形，狭于叶柄，脱落点位于卷须着生点。伞形花序；花黄绿色。浆果球形，熟时红色，常具白粉。花期4—6月，果期6—10月。

分布与生境 | 见于全区各地；生于山坡林下或灌丛中。产于全省各地；分布于黄河以南各地。

用　　途 | 果序可作切花材料；带叶嫩芽可食；根状茎制淀粉，可酿酒；根状茎、叶入药。

细齿菝葜 *S. microdonta*，叶片边缘密具细小牙齿，叶鞘较狭窄；茎近直立。见于长兴、安吉、吴兴。

318 小果菝葜 | *Smilax davidiana* A. DC.

形态特征｜落叶攀援灌木。根状茎粗壮，有刺；地上茎带紫红色，具疏刺。叶片常具紫红色斑纹，通常椭圆形，（3~7cm）×（2~4cm），先端突尖至骤尖，基部圆形至宽楔形，背面淡绿色，具 3~5 条主脉；叶柄长 4~7mm，卷须细弱，翅状鞘远宽于叶柄，离生部分明显，脱落点位于卷须着生点。伞形花序；花黄绿色。浆果球形，熟时红色。花期 4—5 月，果期 10—11 月。

分布与生境｜见于全区各地；生于山坡、沟谷林下或灌丛中。产于全省各地；分布于华东、华南。

用　　途｜茎紫红色，叶常具紫红色斑纹，红果鲜艳，可供断面、边坡覆绿；果序可作切花材料；带叶嫩芽可食用；根状茎入药。

319 土茯苓 光叶菝葜 | *Smilax glabra* Roxb.

形态特征 | 常绿攀援灌木。根状茎块根状，有时近连珠状，有刺；地上茎常具紫褐色斑点，无刺。叶片革质，长圆状披针形至披针形，先端骤尖至渐尖，基部圆形或楔形，背面绿色或带苍白色，具3条主脉；叶柄长3~15mm，具卷须，翅状鞘狭披针形，长为叶柄的1/4~2/3，几乎全部与叶柄合生，脱落点位于叶柄的顶端。伞形花序，花序梗明显短于叶柄。浆果球形，熟时紫黑色，具白粉。花期7—8月，果期11月至翌年4月。

分布与生境 | 见于全区各地；生于山坡、山冈林下、林缘或灌丛中，以及溪谷阴地。产于全省山区、半山区；分布于长江流域及其以南各地。

用　　途 | 叶色亮绿，果紫黑色，可于公园、庭院供垂直绿化；根状茎入药；带叶嫩芽可食用；根状茎制淀粉，供酿酒。

320 华东菝葜 黏鱼须

| *Smilax sieboldii* Miq.

形态特征｜攀援灌木或半灌木。根状茎粗短，须根较发达而疏生短刺；地上茎、枝有刺，直立。叶片卵形或卵状心形，（4~12cm）×（3~7cm），先端骤尖至渐尖，基部楔形或浅心形，具5~7条主脉；叶柄长1~2cm，具卷须，占全长的1/2~2/3，具翅状鞘，离生部分微小，鞘脱落点位于卷须着生点的稍上方。伞形花序；花序梗纤细，长1~2cm，比叶柄长或近等长。浆果熟时蓝黑色。花期5—8月，果期8—10月。

分布与生境｜见于德清、安吉、长兴；生于山坡林下、林缘或灌丛中。产于杭州、绍兴、台州、衢州、丽水等地；分布于苏、皖、闽、台、鲁、辽。

用　　途｜根、茎供药用。

黑果菝葜 *S. glauco-china*，叶片椭圆形、长圆形至卵状披针形，下面苍白色；花序梗明显长于叶柄。见于德清、余杭。

参考文献

[1] 浙江植物志编辑委员会 . 浙江植物志：1~7 卷［M］. 杭州：浙江科学技术出版社，1989−1993.

[2] 张若蕙，楼炉焕，李根有，等. 浙江珍稀濒危植物［M］. 杭州：浙江科学技术出版社，1994.

[3] 刘金，谢孝福. 观赏竹［M］. 北京：中国农业出版社，1999.

[4] 浙江省林业局 . 浙江林业自然资源：野生植物卷［M］. 北京：中国农业科学技术出版社，2002.

[5] 郑朝宗 . 浙江种子植物检索鉴定手册［M］. 杭州：浙江科学技术出版社，2005.

[6] 李根有，颜福彬 . 浙江温岭植物资源［M］. 北京：中国农业出版社，2007.

[7] 王冬米，陈征海 . 台州乡土树种识别与应用［M］. 杭州：浙江科学技术出版社，2010.

[8] 陈有民. 园林树木学［M］. 北京：中国林业出版社，2011.

[9] 李根有，赵慈良，金水虎 . 普陀山植物［M］. 香港：中国科学文化出版社，2012.

[10] 陈征海，孙孟军 . 浙江省常见树种彩色图鉴［M］. 杭州：浙江大学出版社，2014.

[11] 刘启新 . 江苏植物志：1~5 卷［M］. 南京：江苏凤凰科学技术出版社，2013−2015.

[12] 池方河，陈征海 . 玉环木本植物图鉴［M］. 杭州：浙江大学出版社，2015.

[13] 刘日林，陈征海，季必浩 . 浙江景宁望东垟、大仰湖湿地自然保护区植物与植被调查研究［M］. 杭州：浙江大学出版社，2016.

[14] 李根有，李修鹏，张芬耀 . 宁波珍稀植物［M］. 北京：科学出版社，2017.

[15] 吴征镒 . 中国种子植物属的分布区类型［J］. 云南植物研究，1991，增刊Ⅳ：1−139.

[16] 黄启堂，游水生 . 福建西北部野生木本攀援植物区系分析［J］. 浙江林学院学报，1997，14（4）：370−374.

[17] 王金荣，朱勇强 . 武义县木本植物区系研究［J］. 浙江林学院学报，1998，15（4）：406−410.

[18] 李根有，楼炉焕，金水虎，等 . 浙江野生蜡梅群落及其区系［J］. 浙江林学院学报，2002，19（2）：127−132.

[19] 刘仁林，肖双艳，周德中，等 . 萍乡种子植物区系研究［J］. 江西林业科技，2002，3：5−13.

[20] 金孝锋，郑朝宗，丁炳扬，等 . 浙江百山祖自然保护区种子植物区系分析［J］. 云南植物研究，2004，26（6）：605−618.

附　录

莫干山区珍稀树种名录

国家Ⅰ级保护野生植物			
1	银杏	*Ginkgo biloba* Linn.	区内各地
2	南方红豆杉	*Taxus mairei* (Lemee et Lévl.) L. K. Fu et N. Li	德清
国家Ⅱ级保护野生植物			
3	金钱松	*Pseudolarix amabilis* (Nels.) Rehd.	德清、安吉、长兴
4	香樟	*Cinnamomum camphora* (Linn.) Presl	区内各地
5	榉树	*Zelkova schneideriana* Hand.-Mazz.	区内各地
6	香果树	*Emmenopterys henryi* Oliv.	德清（莫干山）
浙江省重点保护野生植物			
7	天目木兰	*Magnolia amoena* Cheng	德清、安吉、吴兴
8	细花泡花树	*Meliosma parviflora* Lecomte	长兴、吴兴
9	青檀	*Pteroceltis tatarinowii* Maxim.	德清、安吉（递铺）
10	杨桐	*Cleyera japonica* Thunb.	德清、安吉、长兴
11	琼花荚蒾	*Viburnum keteleeri* Carr.	德清

莫干山区范围图

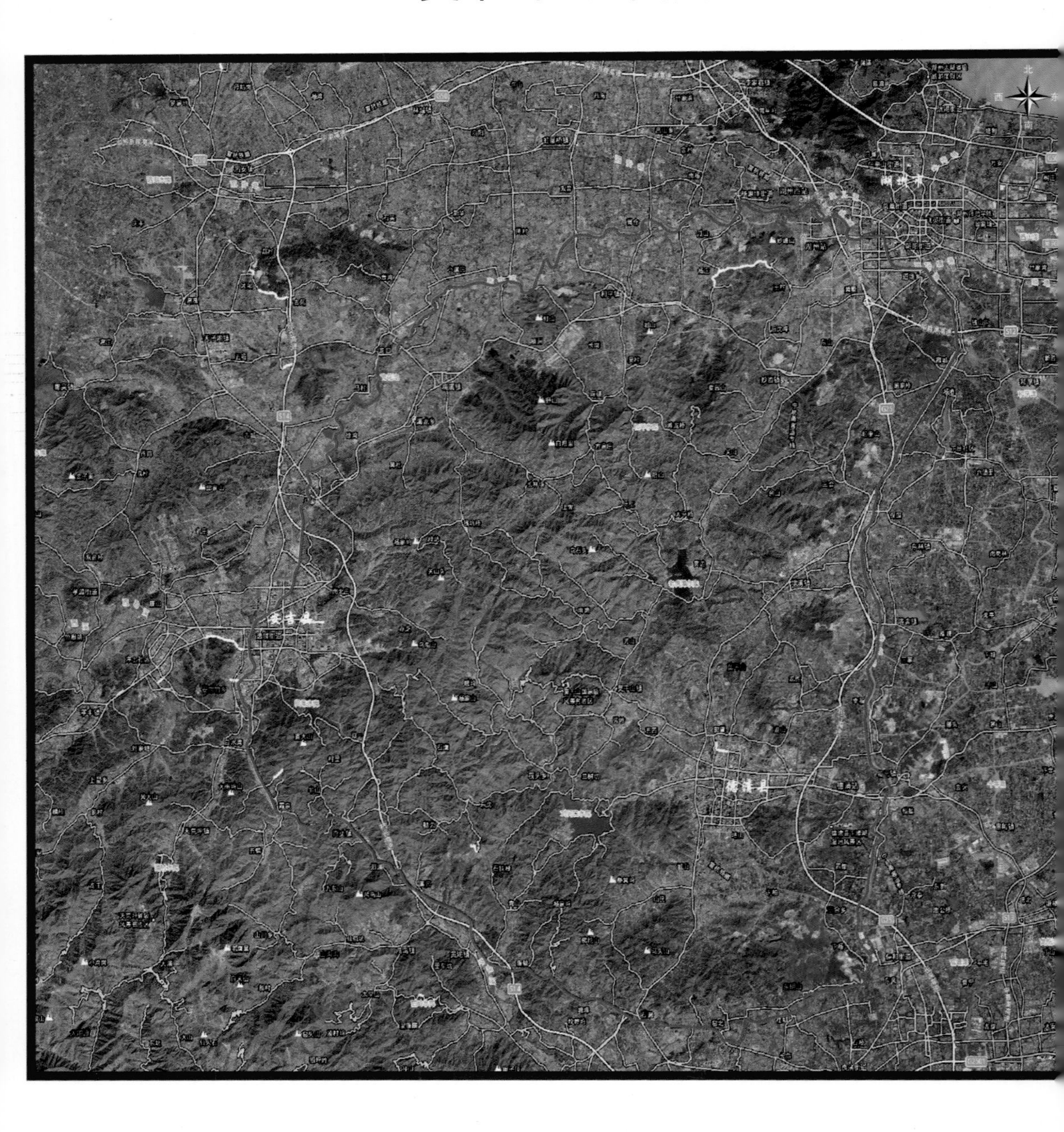

中名索引

D

E

F

J

K

N

P

Q

R

S

T

W

X

Y

Z

拉丁名索引

M

Q

R

T

U

V

W

X

Z

238 香椿

Toona sinensis (A. Juss.) Roem.

形态特征｜落叶乔木。树皮浅纵裂。偶数羽状复叶，互生，长25~50cm，叶柄红色；小叶10~22枚，对生或近对生；小叶片卵状披针形至卵状长椭圆形，揉碎有特殊香气，先端尾尖，基部稍偏斜，全缘或有疏锯齿，小叶柄长5mm。圆锥花序顶生；花瓣白色。蒴果狭椭圆形，有苍白色小皮孔。花期5—6月，果期8—10月。

分布与生境｜见于全区各地；常散生于向阳山坡疏林中、林缘或沟谷溪边灌丛中。产于全省各地；分布自辽至琼，西抵川、甘。

用　　途｜幼芽、嫩叶可食用；材质优良；树皮、果入药。

239 臭辣树 | *Euodia fargesii* Dode

形态特征｜落叶乔木。全体含挥发性油。小枝暗紫褐色。奇数羽状复叶对生；小叶常 7 枚，椭圆状披针形、卵状披针形，（6~11cm）×（2~6cm），先端长渐尖，基部常偏斜，边缘有不明显钝锯齿，背面沿中脉两侧常有疏长柔毛，或在脉腋有簇毛；油点细小而稀疏，除叶缘外肉眼几不可见。雌雄异株；聚伞状圆锥花序顶生。蓇葖果紫红色或淡红色。花期 6—8 月，果期 9—10 月。

分布与生境｜见于德清、安吉、吴兴、余杭；生于沟谷溪边、山坡疏林、林缘及灌丛中。产于全省山区、半山区；分布于秦岭以南各地。

用　　途｜树干端直，秋叶暗紫红色，果序大而红色，可作园林绿化树种；果入药；材用树种。

吴茱萸

密果吴茱萸

吴茱萸 *Eu. ruticarpa*，幼枝、叶轴、花序梗均被锈色长柔毛；小叶先端急尖或突尖，背面密被短柔毛，油点粗大。见于德清、安吉、长兴、吴兴。

密果吴茱萸 *Eu. ruticarpa* form. *meionocarpa*，与臭辣树的区别在于：小叶片通常长圆形，先端急尖或短渐尖；成熟的果实在果序上密集成团，果序大小不一，常呈金字塔形。见于德清、安吉。